职业教育职业培训改革创新教材

全国高等职业院校、技师学院、技工及高级技工学校规划教材
电子与电气控制专业

液压与气动技术及技能训练

郑生明　冯友民　王　湘　主编
耿立迎　副主编

电子工业出版社

Publishing House of Electronics Industry
北京·BEIJING

内 容 简 介

本书根据高等职业院校、技师学院"电子与电气控制专业"的教学计划和教学大纲，以"国家职业标准"为依据，按照"以工作过程为导向"的课程改革要求，以典型任务为载体，从职业分析入手，切实贯彻"管用"、"够用"、"适用"的教学指导思想，把理论教学与技能训练很好地结合起来，并按技能层次分模块逐步介绍液压与气动传动相关内容的学习和技能操作训练。本书编入了较多新技术、新设备、新工艺的内容，还介绍了许多典型的应用案例，便于读者借鉴，以缩短学校教育与企业需求之间的差距，更好地满足企业用人需求。

本书可作为高等职业院校、技师学院、技工及高级技工学校、中等职业学校电子与电气相关专业的教材，也可作为企业技师培训教材和相关设备维修技术人员的自学用书。

图书在版编目（CIP）数据

液压与气动技术及技能训练 /郑生明，冯友民，王湘主编. —北京：电子工业出版社，2013.4
职业教育职业培训改革创新教材　全国高等职业院校、技师学院、技工及高级技工学校规划教材. 电子与电气控制专业

ISBN 978-7-121-17864-1

Ⅰ. ①液… Ⅱ. ①郑… ②冯… ③王… Ⅲ. ①液压传动—高等职业教育—教材②气压传动—高等职业教育—教材 Ⅳ. ①TH137②TH138

中国版本图书馆 CIP 数据核字（2012）第 185234 号

策划编辑：关雅莉　　杨　波
责任编辑：郝黎明　　文字编辑：裴　杰
印　　刷：北京市李史山胶印厂
装　　订：北京市李史山胶印厂
出版发行：电子工业出版社
　　　　　北京市海淀区万寿路 173 信箱　邮编　100036
开　　本：787×1 092　1/16　印张：12.5　字数：320 千字
印　　次：2013 年 4 月第 1 次印刷
定　　价：23.50 元

凡所购买电子工业出版社图书有缺损问题，请向购买书店调换。若书店售缺，请与本社发行部联系，联系及邮购电话：(010) 88254888。

质量投诉请发邮件至 zlts@phei.com.cn，盗版侵权举报请发邮件至 dbqq@phei.com.cn。

服务热线：(010) 88258888。

职业教育职业培训改革创新教材

全国高等职业院校、技师学院、技工及高级技工学校规划教材

电子与电气控制专业　教材编写委员会

主任　委员：史术高　　　　湖南省职业技能鉴定中心（湖南省职业技术培训研究室）

副主任委员：（排名不分先后）

尹南宁	衡阳技师学院
罗亚平	衡阳技师学院
屈美凤	衡阳技师学院
许泓泉	衡阳技师学院
唐波微	衡阳技师学院
谭　勇	衡阳技师学院
彭庆丽	衡阳技师学院
王镇宇	湘潭技师学院
黄　钧	湖南省机械工业技术学院（湖南汽车技师学院）
刘紫阳	湖南省机械工业技术学院（湖南汽车技师学院）
谢红亮	湖南省机械工业技术学院（湖南汽车技师学院）
郑生明	湖南潇湘技师学院
冯友民	湖南潇湘技师学院
何跃明	郴州技师学院
刘一兵	邵阳职业技术学院
赵维城	冷水江市高级技工学校
吴春燕	冷水江市高级技工学校
李荣华	冷水江市高级技工学校
叶　谦	湖南轻工高级技工学校
凌　云	湖南工业大学
王荣欣	河北科技大学
李乃夫	广东省轻工业技师学院（广东省轻工业高级技工学校）
黄晓华	广东省南方技师学院
廖　勇	广东省南方技师学院
王　湘	永州市纺织厂
吴荣祥	肥城市职业教育中心校

委　　　员：（排名不分先后）

刘　南	湖南省职业技能鉴定中心（湖南省职业技术培训研究室）
李辉耀	湖南省机械工业技术学院（湖南汽车技师学院）
陈锡文	湖南省机械工业技术学院（湖南汽车技师学院）
马果红	湖南省机械工业技术学院（湖南汽车技师学院）
王　炜	湖南工贸技师学院

罗少华	湘潭技师学院
苏石龙	湘潭技师学院
田海军	湘潭技师学院
陈铁军	湘潭技师学院
何钻明	郴州技师学院
黄先帜	郴州技师学院
刘志辉	郴州技师学院
刘建华	湖南轻工高级技工学校
伍爱平	湖南轻工高级技工学校
易新春	湖南轻工高级技工学校
蔡蔚蓝	湖南轻工高级技工学校
严 均	湖南轻工高级技工学校
石 冰	湖南轻工高级技工学校
徐金贵	冷水江市高级技工学校
刘矫健	邵阳市商业技工学校
王向东	邵阳市高级技工学校
刘石岩	邵阳市高级技工学校
何利民	湖南省煤业集团资兴矿区安全生产管理局
唐湘生	锡矿山闪星锑业有限责任公司
唐祥龙	湖南山立水电设备制造有限公司
石志勇	广东省技师学院
梁永昌	茂名市第二高级技工学校
刘坤林	茂名市第二高级技工学校
卢文升	揭阳捷和职业技术学校
李 明	湛江机电学校
刘竹明	湛江机电学校
魏林安	临洮县玉井职业中专
郭志元	古浪县黄羊川职业技术中学
王为民	广东省技师学院
徐湘和	湖南郴州技师学院
耿立迎	肥城市高级技工学校

秘 书 处：刘南、杨波、刘学清

出版说明

　　人才资源是国家发展、民族振兴最重要的战略资源，是国家经济社会发展的第一资源，是促进生产力发展和体现综合国力的第一要素。加强人力资源开发工作和人才队伍建设是加快我国现代化建设进程中事关全局的大事，始终是一个基础性的、全面性的、决定性的战略问题。坚持人才优先发展，加快建设人才强国对于全面实现小康社会目标、建设富强民主文明和谐的社会主义现代化国家具有决定性意义。党和国家历来高度重视人力资源开发工作，改革开放以来，尤其是进入新世纪新阶段，党中央和国务院做出了实施人才强国战略的重大决策，提出了一系列加强人力资源开发的政策措施，培养造就了各个领域的大批人才。但当前我国人才发展的总体水平同世界先进国家相比仍存在较大差距，与我国经济社会发展需要还有许多不适应。为此，《国家中长期人才发展规划纲要（2010—2020 年）》提出："坚持服务发展、人才优先、以用为本、创新机制、高端引领、整体开发的指导方针，培养和造就规模宏大、结构优化、布局合理、素质优良的人才队伍，确立国家人才竞争比较优势，进入世界人才强国行列，为在本世纪中叶基本实现社会主义现代化奠定人才基础。"

　　职业教育培训是人力资源开发的主要途径之一，加强职业教育培训，创新人才培养模式，加快人才队伍建设是人力资源开发的重要内容，是落实人才强国战略的具体体现，是实现国家中长期人才发展规划纲要目标的根本保证。

　　职业资格鉴定是全面贯彻落实科学发展观，大力实施人才强国战略的重要举措，有利于促进劳动力市场建设和发展，关系到广大劳动者的切身利益，对于企业发展和社会经济进步以及全面提高劳动者素质和职工队伍的创新能力具有重要作用。职业资格鉴定也是当前我国经济社会发展，特别是就业、再就业工作的迫切要求。

　　国家题库的建立，对于保证职业资格鉴定工作的质量起着重要作用，是加快培养一大批数量充足、结构合理、素质优秀的技术技能型、复合技能型和知识技能型的高技能人才，为各行各业造就出千万能工巧匠的重要具体措施。但目前相当一部分职业资格鉴定题库的内容已经过时，湖南省职业技能鉴定中心（湖南省职业技术培训研究室）组织鉴定站所、院校和企业专家开发了新的题库，并经过人力资源和社会保障部职业技能鉴定中心审核，获准可以按照新的题库开展相应工种的职业资格鉴定工作。

　　职业教育培训教材是职业教育培训的重要资源，是体现职业教育培训特色的知识载体和教学的基本工具，是培养和造就高技能人才的基本保证。为满足广大劳动者职业培训鉴定需要，给广大参加职业资格鉴定的人员提供帮助，我们组织参加这次国家题库开发的专家，以及长期从事职业资格鉴定工作的人员编写了这套"国家职业资格技能培训与鉴定教材"。本套丛书是与国家职业标准、国家职业资格鉴定题库相配套的。在本套丛书的编写过程中，贯彻了"围绕考点，服务考试"的原则，把编写重点放在以下几个主要方面。

第一，内容上涵盖国家职业标准对该工种的知识和技能方面的要求，确保达到相应等级技能人才的培养目标。

第二，突出考前辅导的特色，以职业资格鉴定试题作为本套丛书的编写重点，内容上紧紧围绕鉴定考核的内容，充分体现系统性和实用性。

第三，坚持"新内容"为编写的侧重点，无论是内容还是形式上都力求有所创新，使本套丛书更贴近职业资格鉴定，更好地服务于职业资格鉴定。

这是推动培训与鉴定紧密结合的大胆尝试，是促进广大劳动者深入学习、提高职业能力和综合素质、促进人才队伍建设的一项重要基础性工作，很有意义，是一件大好事。

组织开发高质量的职业培训鉴定教材，加强职业培训鉴定教材建设，为技能人才培养提供技术和智力支持，对于提高技能人才培养质量，推动职业教育培训科学发展非常重要。我们要适应新形势新任务的要求，针对职业培训鉴定工作的实际需要，统一规划，总结经验，加以完善，努力把职业培训鉴定教材建设工作做得更好，为提高劳动者素质、促进就业和经济社会发展做出积极贡献。

电子工业出版社　职业教育分社

2012 年 8 月

前　言

本书根据高等职业院校、技师学院"电子与电气控制专业"的教学计划和教学大纲，以"国家职业标准"为依据，按照"以工作过程为导向"的课程改革要求，以典型任务为载体，从职业分析入手，切实贯彻"管用"、"够用"、"适用"的教学指导思想，把理论教学与技能训练很好地结合起来，并按技能层次分模块逐步介绍液压与气动传动相关内容的学习和技能操作训练。本书较多地编入新技术、新设备、新工艺的内容，还介绍了许多典型的应用案例，便于读者借鉴，以缩短学校教育与企业需求之间的差距，更好地满足企业用人需求。

本书可作为高等职业院校、技师学院、技工及高级技工学校、中等职业学校电子与电气相关专业的教材，也可作为企业技师培训教材和相关设备维修技术人员的自学用书。

本书的编写符合职业学校学生的认知和技能学习规律，形式新颖，职教特色明显；在保证知识体系完备，脉络清晰，论述精准深刻的同时，尤其注重培养读者的实际动手能力和企业岗位技能的应用能力，并结合大量的工程案例和项目来使读者更进一步灵活掌握及应用相关的技能。

● 本书内容

全书共分为 16 个项目，46 个任务，主要介绍了液压油的性能及其选用、液体的静力学和动力学基础、液压系统组成与工作原理、液压泵的工作原理和基本参数、齿轮泵、叶片泵、柱塞泵、液压泵与液压马达的选用原则、液压缸的结构特点、液压缸的类型、液压缸的主要参数、液压缸的安装调试与维护、油箱、油管与油管接头、油液滤清器、储能器、液压指示部件和密封元件、单向阀、换向阀、溢流阀、减压阀、顺序阀、压力继电器、节流阀、调速阀、调速回路、典型液压系统分析、压缩空气、空气压缩站及气源处理装置、气压传动系统、气缸、动气缸和气动马达、方向控制阀、方向控制回路、逻辑元件、逻辑控制回路、常用位置传杆器、行程程序控制回路、速度控制、时间控制、压力控制阀、压力控制回路、气液动力滑台气压传动系统分析、零件使用寿命检测装置气压传动系统分析、数控加工中心气动换刀系统分析等内容。

● 配套教学资源

本书提供了配套的立体化教学资源，包括专业建设方案、教学指南、电子教案等必需的文件，读者可以通过华信教育资源网（www.hxedu.com.cn）下载使用或与电子工业出版社联系（E-mail：yangbo@phei.com.cn）。

● **本书主编**

本书由湖南潇湘技师学院郑生明、冯友民，永州市纺织厂王湘主编，肥城市高级技工学校耿立迎副主编。由于时间仓促，作者水平有限，书中错漏之处在所难免，恳请广大读者批评指正。

● **特别鸣谢**

特别鸣谢湖南省人力资源和社会保障厅职业技能鉴定中心、湖南省职业技术培训研究室对本书编写工作的大力支持，并同时鸣谢湖南省职业技能鉴定中心（湖南省职业技术培训研究室）史术高、刘南对本书进行了认真的审校及建议。

主　编

2013 年 3 月

目　录

项目一　液压传动技术的基础知识

任务一　液压油的性能及其选用

 教学目标

➢ 熟悉液压油的类型及其特性。
➢ 熟悉液压油性能的影响因素。
➢ 掌握液压油选用的基本原则。
➢ 能进行液压油品质检查。

一、液压油的种类

1987 年我国等效采用 ISO 标准制定了国家标准 GB/T 7631.2—1987，对液压油进行了品种分类。我国液压油（液）的分类、品种符号及随后的产品代号、名称和质量水平与世界主要国家的表示方法完全相同。

目前，我国各种液压设备所采用的液压油，按抗燃烧性可分矿物油型（石油基液压油）和不燃或难燃油型（抗燃油型）。

矿物油系的主要成分是由提炼后的石油制品，加入各种添加剂精制而成的。这种液压油润滑性好，腐蚀性小，化学稳定性好，是目前最常用的液压油，几乎 90% 以上的液压设备中都使用这种类型的液压油。为满足液压装置的特殊要求，可以在基油中配合添加剂来改善性能。液压油的添加剂主要有抗氧化剂、防锈剂、抗磨剂和消泡剂等。

不燃或难燃液压油系可分为水基液压液（含水液压液）和合成液压液两种。水基液压液的主要成分是水，加入了某些具有防锈和润滑等作用的添加剂。它具有价格便宜、抗燃等优点，但润滑性能差，腐蚀性大，适用温度范围小。因此，它一般用于水压机、矿山机械和液压支架等特殊场合。合成液压液由多种膦酸酯和添加剂用化学方法合成，其优点是润滑性能好、凝固点低、防火性能好，缺点是黏温性和低温性能差，价格昂贵、有毒。因此，这种合成液压液一般用于钢铁厂、压铸车间、火力发电厂和飞机等有高等级防火要求的场合。目前以水作为液压传动介质的研究，也得到了越来越多的重视。

目前市场上的液压油产品，其油液品质的测试方法一般有运动黏度、恩式黏度测试法和抗氧化能力测试法。

恩氏黏度，又称恩氏度，符号为°E。°E 所表示的实际上只是与运动黏度成一定关系的值。在一定温度 t℃下，从恩氏黏度计中流出 200mL 液体所需时间与 20℃流出同体积蒸馏水所需时间之比值即为液体在温度 t℃下的逻辑恩氏黏度。后者对给定黏度计是个常量，这个比值无量纲。恩氏黏度为相对黏度，为我国常用的相对黏度。在测量时必须指明是在什么温度下进度的，因为不同温度下对应的恩氏黏度不同。

液压油抗氧化能力的测试方法使用的是 ASTMD943 汽轮机油氧化测试法。这种方法是在金属催化剂存在的条件下，将液压油中通入氧气和水，同时进行加热，然后计算液压油中酸值上升到 2.0 时需要的小时数。液压油按 ISO 的分类见表 1.1。

表 1.1　的液压油按 ISO 分类

类　别		组成与特性	代　号
石油基液压油		无添加剂的石油基液压油	L—HH
		HH+抗氧化剂、防锈剂	L—HL
		HL+抗磨剂	L—HM
		HL+增黏剂	L—HR
		HM+增黏剂	L—HV
		HM+防爬剂	L—HG
难燃液压液	含水液压液	高含水液压液	L—HFA
		油包水乳化液	L—HFB
		水乙二醇	L—HFC
	合成液压液	膦酸酯	L—HFDR
		氯化烃	L—HFDS
		HFDR+HFDS	L—HFDT
		其他合成液压液	L—HFDU

 想 一 想

（1）液压油的恩氏黏度、运动黏度及抗氧化能力三者之间的关系。

（2）液压油标号与液压油特性之间的关系。

二、液压油的特性

1. 液压油的作用

作为液压传动介质的液压油主要有以下功能。

（1）传动　把油泵产生的压力能传递给执行部件。

（2）润滑　对泵、阀、执行元件等运动部件进行润滑。

（3）密封　保持油泵所产生的压力。

（4）冷却　吸收并带出液压装置所产生的热量。

（5）防锈　防止液压系统中所用的各种金属部件锈蚀。

（6）传递信号　传递信号元件或控制元件发出的信号。

（7）吸收冲击　吸收液压回路中产生的压力冲击。

2．对液压油的要求

液压油作为液压传动与控制中的工作介质，在一定程度上决定了液压系统的工作性能。特别是在液压元件已经定型的情况下，液压油的良好性能与正确使用更加成为系统可靠工作重要前提。为了保证液压设备长时间正常工作，液压油必须与液压装置完全适应。不同的工作机械、不同的使用情况对液压油的要求也各不相同。

近年来随着液压系统、液压装置性能的不断提高，对液压油的品质也提出了更高的要求。液压油主要应有如下的性能。

（1）具有合适的黏度和良好的黏度-温度特性，在实际使用的温度范围内，油液黏度随温度的变化要小，液压油的流动点和凝固点低。

（2）具有良好的润滑性，能对元件的滑动部位进行充分润滑，能在零件的滑动表面上形成强度较高的油膜，避免干摩擦，能防止异常磨损和卡咬等现象的发生。

（3）具有良好的安定性，不易因热、氧化或水解而生成腐蚀性物质、胶质或沥青质，沉渣生成量小，使用寿命长。

（4）具有良好的抗锈性和耐腐蚀性，不会造成金属和非金属的锈蚀和腐蚀。

（5）具有良好的相容性，不会引起密封件、橡胶软管、涂料等的变质。

（6）油液质地纯净，污染物较少；当污染物从外部侵入时，能迅速分离。液压油中如果含有酸碱，会造成机件和密封件腐蚀；含有固体杂质，会对滑动表面造成磨损，并易使油路发生堵塞；如果含有挥发性物质，在长期使用后会使油液黏度变大，同时在油液中产生气泡。

（7）应有良好的消泡性、脱气性，油液中裹携的气泡及液面上的泡沫应比较少，且容易消除。油液中的泡沫会造成系统断油或出现空穴现象，影响系统正常工作。

（8）具有良好的抗乳化性，对于不含水液压油，油液中的水分容易分离。在油液中混入水分会使油液乳化，降低油的润滑性能，增加油的酸性，缩短油液的使用寿命。

（9）油液在工作中发热和体积膨胀都会造成工况的恶化，所以，油液应有较低的体积膨胀系数和较高的比热容。

（10）具有良好的防火性，闪点（即明火能使油面上的蒸气燃烧，但油液本身不燃烧的温度）和燃点高，挥发性小。

（11）压缩性尽可能小，响应性好。

（12）不得有毒性和异味，且易于排放和处理。

三、影响液压油性能的因素

1．工作温度对液压油品质的影响

设备的工作温度在很大程度上决定了液压油的工作寿命。大部分工业设备中液压油的工作温度大约为 60℃，一般不会超过 85℃。一旦将工作温度提高到 85℃ 以上，液压油的使用寿命就会因为氧化过程的加速而缩短。工作温度每升高10℃，氧化速度增加1倍，液压油使用寿命减半。

2. 油品氧化对液压油的影响

最基本的氧化过程就是润滑油的碳氢化合物转化成羧酸。在有金属颗粒（包括各种磨损颗粒）存在的情况下液压油随着温度的升高，它的氧化速度也在不断增大。随着时间的推移，氧化过程的副产品慢慢形成漆膜着色，漆膜会造成伺服系统的黏着或生成油泥。油泥是造成过滤系统和吸入式滤网堵塞的主要原因。如果存在严重氧化过程，应立即更换液压油。

3. 污染对液压油品质的影响

污染现象在液压油中非常普遍，并引发许多问题。主要的污染源包括水、空气、灰尘、燃料和其他液压油或润滑油。

水污染是常见的一种。工厂中使用过的液压油，一般能测到500～1000ppm的水含量。水的危害性在于它不像油一样具有好的润滑性，而且会导致磨损。某些特殊场合，水还可能与系统添加剂反应，生成酸而导致一些有色金属发生腐蚀。水引起的其他问题包括材质表面生锈、油品加速氧化、使用寿命缩短等。

空气污染会促使油品氧化，氧化会造成油品黏度的上升。随着时间的推移，氧化导致漆膜产生，附着于表面的漆膜会造成伺服阀黏结。更糟糕的是，当油中的空气随着温度的上升而快速溶解时会造成泵面临气穴的威胁，气穴则会导致泵失效。

灰尘、金属颗粒和烟灰是在液压油中另外一些常见的污染物。金属颗粒会加速氧化进程，所有的这些固体污染物会导致磨损或者零件表面的材质疲劳。

燃料污染会导致液压油性能发生变化，包括闪点下降、黏度下降和蒸汽压上升。黏度下降会带来较低的油膜强度，影响润滑效率。

四、液压油选用的基本原则

正确合理地选择液压油是保证液压元件和液压系统正常运行的前提。合适的液压油不仅能适应液压系统各种环境条件和工作情况，对延长系统和元件的使用寿命，保证设备可靠运行，防止事故发生也有着重要作用。

选择液压油通常按以下三个基本步骤进行。

（1）列出液压系统对液压油（液）各方面性能的变化范围要求：黏度、密度、温度范围、压力范围、抗燃性、润滑性、可压缩性等。

（2）能够同时满足所有性能要求的液压油是不存在的，应尽可能选出接近要求的液压油品种。可以从液压油生产企业及其产品样本中获得工作介质的推荐资料。

（3）综合、权衡、调整各方面的要求参数，决定所采用的液压油类型。

对于各类液压油，需要考虑的因素很多，其中黏度是液压油的最重要的性能指标之一。它的选择合理与否，对液压系统的运动平稳性、工作可靠性与灵敏性、系统效率、功率损耗、气蚀现象、温升和磨损等都有显著影响。选择了黏度不符合要求的液压油，将无法保证系统正常工作，甚至可能造成系统不工作。所以，要想充分发挥液压设备的作用，保证其正常良好运作，在选用液压油时，就应根据具体情况或系统要求选择合适黏度的液压油和适当的油液种类。通常，液压油可以根据以下几方面进行选择。

1. 根据环境条件选用

选用液压油时应考虑液压系统使用的环境温度和环境恶劣程度。矿物油的黏度由于受温度的影响变化很大，为保证在工作温度时有较适宜的黏度，必须考虑周围环境温度的影响。

当温度高时，宜选用黏度较高的油液；周围环境温度低时，宜选用黏度低的油液。对于恶劣环境（潮湿、野外、温差大）就应对液压油的防锈性、抗乳化性及黏度指数重点考虑。油液抗燃性、环境污染的要求、毒性和气味也是应考虑的因素。

2. 根据工作压力选用

选择液压油时，应根据液压系统工作压力的大小选用。通常，当工作压力较高时，宜选用黏度较高的油，以免系统泄漏过多，效率过低；工作压力较低时，可以用黏度较低的油，这样可以减少压力损失。凡在中、高压系统中使用的液压油还应具有良好的抗磨性。

3. 根据设备要求选用

1）根据液压泵的要求选择

液压油首先应满足液压泵的要求。液压泵是液压系统的重要元件，在系统中它的运动速度、压力和温升都较高，工作时间又长，因而对黏度要求较严格，所以选择黏度时应首先考虑到液压泵。否则，泵磨损快，容积效率降低，甚至可能会破坏泵的吸油条件。在一般情况下，可将液压泵要求液压油的黏度作为选择液压油的基准。液压泵所用金属材料对液压油的抗氧化性、抗磨性、水解安定性也有一定要求。

2）根据设备类型选择

精密机械设备与一般机械对液压油的黏度要求也是不同的。为了避免温度升高而引起机件变形，影响工作精度，精密机械宜采用较低黏度的液压油。例如，机床液压伺服系统，为保证伺服机构动作的灵敏性，宜采用较低黏度的液压油。

3）根据液压系统中运动件的速度选择

当液压系统中工作部件的运动速度很高，油液的流速也很高时，压力损失会随之增大，而液压油的泄漏量则相对减少，这种情况就应选用黏度较低的油液；反之，当工作部件的运动速度较低时，所需的油液的流量很小，这时泄漏量大，泄漏对系统的运动速度影响也较大，所以应选用黏度较高的油液。

4. 合理选用液压油品种

液压传动系统中可使用的油液品种很多，有机械油、变压器油、汽轮机油、通用液压油、低温液压油、抗燃液压油和耐磨液压油等。机械油是最常用的机械润滑油，过去在液压设备中被广泛使用，但由于其在化学稳定性（抗氧化性、抗剪切等）、黏温特性、抗乳化、抗泡沫性及防锈性能等方面均较差，大多数情况下已无法满足液压设备的要求。变压器油和汽轮机油的某些性能指标较机械油有所提高，但从名称上看这些油主要是为适应变压器、汽轮机等设备的特殊需要而生产的，其性能并不符合液压传动用油的要求。

液压设备一般应选用通用液压油，如果环境温度较低或温度变化较大，应选择黏温特性好的低温液压油；若环境温度较高且具有防火要求，则应选择抗燃液压油；如设备长期在重载下工作，为减小磨损，可选用抗磨液压油。选择合适的液压油品种可以保证液压系统的正常工作，减少故障的发生，还可提高设备的使用寿命。

想一想

（1）液压油在选用时，主要考虑哪些因素？

（2）各种牌号的液压油的具体应用。

五、技能训练

1．液压油品质的检查

液压油一经生产出来就开始慢慢的劣化变质，而且随着时间的增长，其劣化变质的速度大大加快，各种理化性能逐渐下降，直至不能再用。因此，液压油应采取定期检查和更换制度。一般采用现场鉴定换油法。鉴定方法是把被鉴定的液压油装入透明的玻璃容器里和新油作外观检查，通过直觉判断其污染程度，或者在现场用 pH 试纸进行硝酸侵蚀试验，以解决被鉴定的液压油是否更换。

液压油污染严重时，会浑浊，有难闻气味，在现场工作中可凭外观、气味、状态等直观检查法判断油的污染程度，并采取相应的检查方法。

液压油品质直观检查手段，主要通过"望、闻、捻"和滤纸透析试验等方法进行。液压油在存放及使用过程中，矿物质液压油可能会因环境中的水汽、灰尘等物质进入，造成液压油颜色改变，油液变得浑浊；长期使用或高温作用，油液浓度变稀或变稠，油液颜色发黑；液压系统工作时，因磨损产生的金属颗粒及其他一些杂质，进入油箱，会导致油液浑浊，油箱底部沉积油泥；另外，油液中的胶质聚集，会形成黏稠状絮状物质，这些物质一方面会导致油液变浑，另一方面还会堵塞油管、阀、油缸等运动部件的缝隙，影响油液的流通，造成油液压力建立困难，增加运动部件的运动阻力，运动部件运动时产生爬行、突然前冲等不良运动现象，甚至造成运动部件卡死；油液中混入空气，会造成油液产生泡沫，油液压力建立困难，运动部件产生爬行。

望 观察液压油的颜色变化、通过搅拌观察液压油的黏度情况和油中悬浮物等杂质的情况，根据观察的结果判定液压油的品质。一般情况下，油液颜色应比较鲜艳均匀，有一定的透光性，无悬浮和沉淀现象。

闻 通过嗅觉来判定油液的品质。一般情况下，未变质的液压油应无难闻的气味。如果液压油有焦臭味，并且颜色变为黑褐色，说明液压油出现高温烧灼而产生了氧化现象；如果液压油产生腥臭味，说明液压油受到污染变质，污染的原因可能是因水、锈蚀物、密封件的溶化物，或者其他杂质混入液压油中引起的。

捻 通过手的触觉，来感知油液的品质。主要是感知油液的黏度情况，有无絮状或颗粒状杂质等。

基本措施是，用干净的金属棒深入油箱底部，然后抽出，观察油液应能呈不间断的线状下滴，用手指搅油揉搓，手指皮肤之间有明显的油膜润滑，手指之间无皮肤直接接触感觉、无黏稠的絮状物、颗粒状的杂质，油液品质为正常。否则，说明油液已变质或失效。或者将油液滴在平铺的干净滤纸上，观察油液渗透分层情况，如果油液仅有一层扩散，且无黏稠的絮状物、颗粒状的杂质，油液品质为正常。如果有两层及以上层次的扩散，或者有黏稠的絮状物、颗粒状的杂质，说明油液中有水分或其他液体混入、氧化沉淀、杂质沉淀等不良现象。

液压油品质判定基本措施见表 1.2。

2．液压油的更换和维护

液压油在使用两年以后应该更换。要始终保护液压系统的清洁度，使油泥、水分、铁锈、金属屑和纤维等杂质不要混入系统和油中，因此，油箱加油时必须通过过滤器，同时防止空气进入油里去，所以要常检查油箱与泵间的接头密封，不让空气随油进入液压系统中去。同时要经常检查油箱液面的高度。如果油面低于油表下限则需向油缸里加同牌号的液压油，否则油箱中油量不够会吸空，造成泵磨损。系统里进入空气造成油缸爬行，泵产生噪声，使系统失去正常的工作状态，造成液压元件损坏，从而使主机失去工作性能或无法工作。

表 1.2　液压油的检测方法和变质液压油的判定

外　观	气　味	状　态	处　理　办　法
色透明无变化	良好	良好	仍然可以使用
透明但色变淡	良好	混入别种油	分离掉水分，或半、或全量换油
变成乳白色	良好	混入空气和水	分离掉水分，或半、或全量换油
变成黑褐色	不好	氧化变质	全量更换
透明而有小黑点	良好	混入杂质	过滤后使用，或半、或全量换油
透明而有闪光	良好	混入金属粉末	过滤后使用，或半、或全量换油

课堂讨论

（1）如何检查液压油的油品？

（2）液压油品质的好坏，是保证液压系统正常工作的第一道关，如何更换液压油？

思考与练习

（1）液压油作为液压传动系统的工作介质主要具有哪些作用？

（2）液压系统对液压油主要有哪些性能要求？

（3）液压油是如何进行分类的？

（4）液压油主要有哪些物理性质，它们与温度、压力的关系是怎样的？

（5）什么是液压油的黏度？常用的黏度单位有哪些？为什么油液的黏度是液压油最主要的性能指标？

（6）应按怎样的步骤选择合适的液压油，主要应遵循哪些原则？

（7）液压油污染有哪些主要危害？造成液压油污染的主要原因有哪些？

（8）控制液压油的污染主要有哪些措施？污染的分析和测定主要有哪些方法？

任务二　液体的静力学和动力学基础

一、液体静力学基础

1. 液体压力的建立

如图 1.1 所示，杠杆手柄 1 左端在力 F 的作用下，向下运动时，小油缸 2 的活塞 3 受到一个向下的作用力 F_s。假设油缸 2 的活塞下部的有效横截面积为 A，此时，油液单位受力面积上所受的外力大小，称为液体的压力。

处于静止状态下的液体所具有的压力称为液体的静压力。在液压传动中所用的压力一般均指液体的静压力（P）。液体压力的单位是 Pa（N/m²）或者 MPa（10^6Pa）。

液体的静压力由液体的自重和液体表面所受到的外力两部分组成。由液体自重产生的压力为

$$P_1=\rho gh$$

式中　ρ——液体的密度，单位是 kg/m³；

　　　g——重力加速度，为 9.81m/s²；

　　　h——液体中任意一点离液面的高度，单位是 m。

由液体表面受到的外力作用而产生的压力为

$$P_2=F_s/A$$

式中：F_s——外力对液面的作用力，单位是 N；

　　　A——液体垂直于受力方向上的承压面积，单位是 m²。

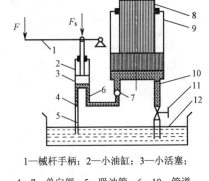

1—械杆手柄；2—小油缸；3—小活塞；

4，7—单向阀；5—吸油管；6，10—管道；

8—大活塞；9—大油缸；11—截止阀；12—油箱

图 1.1　液压千斤顶工作原理图

静止液体内任一点的静压力等于液面上所受外力与液体重力所产生的压力之和，由此可得静止液体某点的静压力为

$$p=p_1+p_2=\rho gh+F_s/A$$

该式即为液体静压力的基本方程。

2. 静止液体的压力特性

由液体静压力的基本方程可知以下几个方面。

（1）静止液体内任一点的压力均由两部分组成，一部分是液面上的压力；另一部分是液体本身的自重所产生的压力。当液面上只受到大气压力 P_0 时，则液面下某点的压力则为 $P_0+\rho gh$。

（2）在同一容器内，同一种液体内的静压力随液体的深度增加而呈线性增加。

（3）连通器内同一液体中深度相同的各点压力相等。由压力相等的点组成的面称为等压面。在重力作用下静止液体的等压面是一个水平面，与容器的形状无关。

在液压系统中，由于管道配置高度一般不超过 10m，液位高度引起的那部分压力 ρgh 与油液所受外力相比非常小，可以忽略不计。因此，对于液压系统来说，一般可以不考虑液体位置高度对压力的影响，可以认为整个液体内部各处的压力是相等的。

二、液体动力学基础

1．理想液体

液体在流动过程中，要受重力、惯性力、黏性力等多种因素的影响，其内部各处质点的运动各不相同。所以在液压系统中，主要考虑整个液体在空间某特定点或特定区域的平均运动情况。为了简化分析和研究的过程，将既无黏性又不可压缩的液体称为理想液体。这样，在研究液体流动规律时就能忽略液体的黏性和可压缩性对运动的影响，可以比较容易地得到理想液体的基本运动方程。然后根据实验结果，对理想液体的基本方程加以修正，使之与实际液体的情况相符。

2．流量和流速

在单位时间内，流过管道某通流截面的液体体积，称为流量。流量通常用 q 表示，单位为 cm^3/s 或 m^3/s 或 L/min。

流速是指流动液体内的质点在单位时间内流过的距离，用 v 表示，单位为 m/min 或 cm/s。由于液体具有黏性，所以在管道中流动时，在同一截面上各点的实际流速是不相等的。越接近管道中心，液体流速越高，越接近管壁其流速越低。在一般情况下，所说的液体在管道中的流速均指平均流速。

液体流量 q、流速 u 及液体流通截面积 A 的关系为 $q=uA$。

3．流动液体连续性原理

连续性原理是质量守恒定律在流体力学中的一种表达形式。根据质量守恒定律，如果液体在管道内的流动是连续的，没有空隙存在，那么液体在压力作用下稳定流动时，单位时间内流过管道内任一个截面的液体质量一定是相等的，既不会增多，也不会减少。在不考虑液体可压缩性的情况下，即液体密度 ρ 不变，那么，单位时间流过管道任一截面的液体体积就是相等的，即通过流通管道任一通流截面的液体流量相等，这就是液体连续性原理。

根据流动液体的连续性原理可知以下两个特性。

（1）液体流过一定截面时，流量越大，则流速越高。

（2）液体流过不同的截面时，在流量不变的情况下，截面越大，流速越小。

如图 1.2 所示，液体在不等截面的管道内流动，截面 1、2 处的面积分别为 A_1、A_2，在这两个截面处液体的平均流速

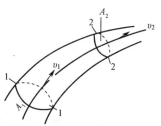

图 1.2　液体流动连续性原理

分别为 u_1、u_2，现假设液体是不可压缩的，则单位时间内，液体流过这两处的液体体积（流量 q）是相等的，即

$$u_1A_1=u_2A_2=q$$

4. 伯努利方程（流动液体能量方程）

伯努利方程是能量守恒定律在流动液体中的具体表现。在密闭管道内稳定流动的理想液体具有三种形式的能量，即压力能、动能和位能。在流动过程中，这三种能量之间可以互相转换，但在管道内任一截面处的这三种能量的总和为一常数。

则理想液体的伯努利方程：

$$\frac{P_1}{pg}+h_1+v_1^2/2g=\frac{P_2}{pg}+h_2+v_2^2/2g$$

式中　p——液体的密度；

　　　g——重力加速度；

　　　v——液体流速；

　　　h——管道截面中心到基准面的高度。

实际液体由于具有黏性，在流动过程中会因为内摩擦消耗一部分能量；另外管道的局部形状尺寸的变化也会使液流的状态发生变化而消耗能量。因此，实际液体流动时存在能量的损失。

实际液体的伯努利方程：

$$\frac{P_1}{pg}+h_1+\alpha_1v_1^2/2g=\frac{P_2}{pg}+h_2+\alpha_2v_2^2/h_w$$

式中　α——动能修正系数（层流时取 1，紊流时取 2）；

　　　h_w——黏性摩擦而造成的平均能量损耗。

伯努利方程是流体力学中一个特别重要的基本方程，它揭示了液体流动过程中的能量变化规律，是对液压问题进行分析、计算和研究的理论基础。综合液体连续性原理，从伯努利方程中可以看出以下两个特性。

（1）对于水平放置的管道，液体的流速越高，它的压力就越低。

（2）在流量不变的情况下，液体流过不同截面时，截面越大，则流速越小，压力越大；截面越小，则流速越大，压力越小。

在液压传动系统中，位能和动能与压力能相比小得多，因此，可以忽略不计。也就是说，油液中的能量主要是以压力能形式体现，所以在液压系统计算时，一般只考虑压力能的作用。

 思考与练习

（1）什么是静止液体？液体静力学方程是怎样的？静止液体具有怎样的压力特性？

（2）什么是理想液体？它对液体动力学的研究有什么作用？

（3）什么是流动液体的连续性原理和伯努利方程？

任务三 液压系统组成与工作原理

一、液压系统的组成及各部分的功用

一个完整的液压系统由 5 个部分组成,即动力元件、执行元件、控制元件、液压辅助元件和工作介质。现代液压系统也把自动控制部分看成液压系统中的一部分。

动力元件的作用是将原动机的机械能转换成液体的压力能。一般是指液压系统中的油泵,它向整个液压系统提供动力。液压泵的结构形式一般有齿轮泵、叶片泵和柱塞泵。

执行元件的作用是将液体的压力能转换为机械能,驱动负载作直线往复运动或回转运动,如液压缸和液压电动机。

控制元件的作用是在液压系统中控制和调节液体的压力、流量和方向。根据控制功能的不同,液压阀可分为压力控制阀、流量控制阀和方向控制阀。压力控制阀又分为溢流阀(安全阀)、减压阀、顺序阀、压力继电器等;流量控制阀分为节流阀、调速阀、分流集流阀等;方向控制阀分为单向阀、液控单向阀、梭阀、换向阀等。

液压辅助元件包括油箱、滤油器、油管及管接头、密封件、压力表、油位油温计等。

工作介质的作用是系统能量转换的载体,并完成系统动力和运动的传递。液压系统中主要是指液压油(液)。

二、液压系统的工作原理

1. 液压系统的工作原理

液压系统实际上相当于一个能量转换系统,在其动力部分处是将其他形式的能量(如电动机旋转的机械能)转换为液体能够储存的压力能,通过各种控制元件实现液体的压力、流量和流动方向的控制与调节,到达系统的执行元件时,由执行元件将液体储存的压力能转换为机械能,对外界输出机械作用力和运动速率等,或者由电液转换元件转换成电信号,以便实现自动控制的需要。

如图 1.3 所示,以液压千斤顶的工作过程为例,说明液压系统的一般工作原理。当手柄 1 向上运动时,带动小液压缸 2 中的活塞 3 向上运动,此时活塞 3 下方的缸筒容积由于被活塞密封,因该密封容积的增大而形成一定的真空,导致其压力下降到大气压力 P_0 以下。油箱 6 中的油液在大气压力 P_0 的作用下,顶开单向阀 5,进入小缸活塞下方的空腔,这就是液压系统油泵的吸油原理。当手柄 1 向下压时,活塞 3 由于受到外力的作用而向下运动,促使活塞 3 下方的密封容积减少,密封容积中的油液压力 P_1 增大到超过大气压力 P_0,该油液压力 P_1 一方面将单向阀 5 的钢球向下压,将其进油口关闭;另一方面将单向阀 7 的钢球顶开,油液流向大液压缸 12 的活塞下方,由于出油阀 8 关闭,大活塞 11 与缸筒 12 之间能形成密封,油液压力 P_1 作用在大活塞 11 的底部,从而推动大活塞 11 克服其上方作用的负载 W 向上运动,如此反复进行,使重物被顶起。这一过程实现了液压泵对系统输出一定压力和流量的液压油,也就是实现了机械能(手柄上的作用力 F 与其力臂之间的乘积)向液压能的转换;同时通过大液压缸的活塞 11 将液压能转换为顶起重物的机械能之间的转换。大液压缸工作完毕以后，将出油阀 8 的旋钮旋转一定角度，大活塞下方的油液经出油阀 8 流回油箱，重物 W 被缓慢放下。

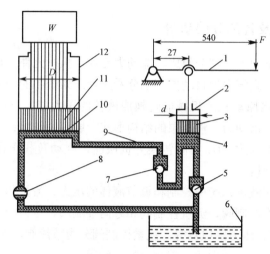

1—手柄；2—小液压缸；3—小活塞；4—油泵空腔；5—进油单向阀；6—油箱；7—出油单向阀；

8—出油阀；9—油管；10—油缸空腔；11—大活塞；12—大液压缸

图 1.3　液压千斤顶工作原理图

通过以上工作过程的分析，液压系统的工作特性如下所述。

（1）系统运动的转换是通过密封容积的周期性变化来实现的，并通过油液的流动进行传递。因此，系统执行部件的运动速率 v 取决于其进油流量 q 的大小，与系统油液压力的大小无关。当系统执行元件的有效工作面积一定时，只要通过调节执行元件的进油流量 q 的大小，就可以实现执行元件运动速率的改变，也就实现了系统执行元件运动的无级变速。

（2）系统油液的压力取决于执行元件上作用的负载大小。从对液压千斤顶简化模型的工作进行分析，只有大活塞 11 上施加了重物 W（负载），小活塞 3 上才能施加作用力 F，而且有了负载和作用力，系统才产生液体压力 P。如果将大活塞上方的负载取消，此时就会没有液体流动的阻力，手柄向下的作用力也会变为零，液体本身将不能建立压力。因此，对于在系统中流动的液体来说，其压力必须依靠液压系统执行元件上所施加的负载来建立，也就是说，液压系统中液体的压力取决于负载的大小。

2．液压系统的工作特点

1）主要优点

（1）结构紧凑，液压元件之间可以采用各种管道连接，也可以将液压元件集中布置或者采用元件板集成布置。因此，布局和安装有很大的灵活性，可以构成复杂的传动系统。

（2）调速范围大，速比系数可以达到 1∶2000（一般为 1∶100）。且能在给定的速率范围内平稳地自动调节速率，实现无级调速。

（3）在相同功率条件下，液压传动系统具有体积小、重量轻的特点。例如，同功率的液压电动机的重量只有电动机重量的 10%～20%。因此运动惯性小，当突然过载或停车时，不会发生很大的冲击。

（4）能比较方便、快捷地实现自动化控制。特别是电液联合控制时，可实现高度的自动化和远程控制，自动实现过载保护。

（5）可自行润滑，使用寿命长。液压系统采用油液作为工作介质，可以使元件的运动部分得到有效的润滑。

（6）液压技术与计算机技术、微电子技术配合使用，可以实现远程数字化程序控制。

（7）液压元器件已经实现了标准化、系列化和通用化，便于设计、制造、维修和推管。

2）主要缺点

（1）不能保证严格的传动比。这是由于液压油具有一定的可压缩性，工作时存在泄漏等因素影响执行元件运动精度的准确性。

（2）在工作过程中存在比较严重的能量损失（如摩擦损失、各种原因造成的流量损失和压力损失，溢流损失），使得传动效率降低，不适宜作远距离传动。

（3）液压油黏度受温度变化的影响较大，故液压系统对油液温度变化比较敏感，不适宜在很高温度或很低温度的环境条件下工作。

（4）系统工作时，出现故障难以查找原因，故对液压系统故障诊断技术要求较高。

（5）液压元器件的制造精度要求较高，元件成本相对较高。

（6）容易出现泄漏污染。

三、液压系统工作的影响因素

液压系统属于一种能量转换装置，它由若干液压部件、管道和液体工作介质等组成，可实现油液压力能与机械能之间的转换。液体工作介质主要起能量的储存、输送和信号传递的作用。因此，液压系统的基本参数主要是指液体的压力 P、流量 q 和流速 v。这几个参数集中反映了液压系统正常工作时，系统执行元件克服外界负载的能力、执行元件的运动速率和工作效率，也能在一定程度上反映系统执行元件的响应性和系统工作的可靠性。液压系统工作性能的好坏与工作介质的特性、工作环境、工作条件、系统负载情况等直接有关，除此以外，系统基本参数还受以下因素影响。

1．泄漏的影响

液压系统的泄漏将直接造成系统压力损失和流量损失。系统的压力损失会造成系统执行元件内可执行的液体有效压力降低，系统对外克服负载的能力下降；系统的流量损失会造成系统执行元件的运动速率下降，系统的响应性和工作的可靠性显著变化。这些均有可能导致系统元件的损害，还有可能造成机器其他机械部件工作性能变坏，甚至可能造成机器工作的安全事故。

 知识链接

汽车自动变速器的工作简介

现代汽车自动变速器技术属于典型的应用计算机微电子技术进行程序化自动控制的液

压系统与机械变速系统的组合体。自动变速器在汽车行驶时的升挡和降挡变速，均是由计算机根据若干个传感器检测到的驾驶员操作状态、发动机工作状态、汽车行驶状态和路面情况等的输入信号，与计算机预先植入的基本程序作比较后，计算机实时发出执行命令，控制液压系统的电磁元件，改变了油液的流动方向，从而改变执行元件的工作状态，使机械变速机构的啮合齿轮对发生变化，实现变速。如果液压系统产生压力损失和流量损失，则会导致变速器换挡时间延长，汽车提速和降速缓慢；机械系统摩擦传动力下降，机件磨损加剧。

一般可以将液压系统中的压力损失分为沿程压力损失和局部压力损失两类。

1）沿程压力损失

沿程压力损失是指油液沿等截面直管内流动时所产生的压力损失。这类压力损失是由于液体流动时各质点间运动速度不同，液体分子间存在内摩擦力及液体与管壁间存在外摩擦力，导致液体流动必须消耗一部分能量来克服这部分阻力而造成的。

2）局部压力损失

局部压力损失是油液流动时经过局部障碍（如弯管、分支或管路截面突然变化）时，由于液体的流向和速度的突然变化，在局部形成涡流，引起油液质点间及质点与固体壁面间相互碰撞和剧烈摩擦而产生的压力损失。

压力损失会造成液压系统中功率损耗的增加，还会加剧油液的发热，使泄漏量增大，液压系统效率下降和性能变坏。因此，在液压技术中正确估算压力损失的大小，找出减小压力损失的有效途径有着重要的意义。

2. 空穴现象与气蚀的影响

空穴现象主要是指在油液的局部位置被空气占据，形成气泡的现象。油液中的空气主要来源于油液中溶解的部分空气，以及高温油液蒸发形成的油液蒸气。一般情况下，液压油中能溶解的空气量比水中能溶解的要多，在水中溶解的空气一般占体积的 2%，油液则可达到5%～6%，而且液体中气体的溶解度与绝对压力成正比。另外，当油液的压力低于当时温度下的蒸气压力时，油液本身会迅速气化，在油液中形成蒸气气泡。

当液流流经如图 1.4 所示的管道喉部的节流口时，根据伯努利方程，该处液流的流速增大，而压力降低。如果压力低于该工作温度下液压油的空气分离压，溶解在油液中的空气将会迅速地分离出来，形成气泡。这些气泡随着液流流过喉部，管径变大，压力重新上升，气泡会被压缩并因承受不了高压而破裂。当附着在金属表面上的气泡破裂时，周围的

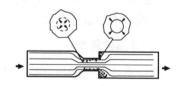

图 1.4　空穴与气蚀现象示意图

液体分子以极高的速度来填补原来气泡所占的空间，液体质点间相互碰撞而产生局部高压，产生局部的液压冲击和高温，产生噪声并引起振动。这种压力冲击作用在零件的金属表面，就会使金属表面发生剥落，使表面粗糙或出现海绵状的小洞穴。节流口下游部位常会出现这种腐蚀的痕迹，这种现象就称为气蚀。

当气泡随油液的流动由低压区进入高压区时会被压缩，会使油液失去不可压缩性，并造成气蚀。空穴现象还会引起系统的温升、噪声和振动，并影响系统的性能和可靠性，缩短元件的使用寿命，严重时甚至会损坏设备。尤其在液压泵部分发生空穴现象时，除会产生噪声

和振动外，还会影响泵的吸油能力，造成液压系统流量和压力的波动。此外，在高温高压下，空气极易使液压油氧化变质，生成有害的酸性物质或胶状沉淀。

3. 液压冲击的影响

在液压系统中，由于某种原因引起液体局部压力或瞬时压力急剧升高，从而产生很高的压力峰值，这种现象称为液压冲击。

产生液压冲击时，系统的瞬时压力峰值往往比正常工作的压力高好几倍，并能引起设备强烈的振动和噪声，造成系统温度上升。液压冲击还会破坏液压系统内部构件之间的相对位置，导致运动部件的运动精度降低，影响系统正常工作。它还会造成液压元件、密封装置的损坏，甚至会使管子爆裂，缩短整个液压系统的寿命。由于压力的突然升高，还可能使系统中的某些压力元件产生误动作，造成事故。

四、改善液压系统工作情况的基本措施

1. 减少系统管道中的压力损失

管路系统中总的压力损失等于所有沿程压力损失与所有局部压力损失之和。沿程压力损失可以通过计算公式算出；局部压力损失一般可通过实验确定，也可通过查阅有关设计手册或从液压产品说明书中获得。

减少管道中的压力损失，其主导思想是降低油液在管道中流动时的各种摩擦因素，提高液压系统性能主要有以下措施。

（1）缩短管道长度，减少管道弯曲部位的弯曲弧度和弯曲部位的数量，尽量避免管道直角转弯。例如，采用圆弧弯管或三通管，弯管角度不大于90°等措施。

（2）尽量避免管道截面的突然变化。

（3）减小管道内壁表面粗糙度，使其尽可能光滑。

（4）选用的液压油黏度应适当。

（5）管道应有足够大的通流面积，将液流的速度限制在适当的范围内。

2. 减少系统中的流量损失

系统流量损失主要是因为泄漏，系统泄漏现象包括内漏和外漏。系统内漏是指油液由系统内部的高压区向低压区流动。以液压执行元件为例，其动作的实现主要依靠高压区与低压区之间的压力差来对外输出动力，依靠高压区的有效进油流量的大小来实现对外运动速度的调节。执行元件的内漏将直接导致高低压区的油液压力差降低，高压区的有效进油流量减少，则执行元件对外输出的动力和运动速度均会降低。系统外漏是指油液由系统内流向系统外部环境。外漏的油液不但不能参与系统工作，还会对环境造成污染。

系统泄漏与系统运动部件的配合间隙大小、阀口接触表面的接触情况、密封元件、管接头的密封情况及管道质量等因素直接有关。采取定期检查清洗、及时更换相关部件和合理选用液压元器件及系统工作参数，对于防止泄漏，改善系统工作情况十分有意义。

3. 减少或防止空穴现象的措施

液压油中混入的空气对液压装置的性能有着很大的危害。系统油液中混入空气，会造成

系统执行部件运动速度缓慢、爬行，动力输出明显降低，系统工作时产生尖叫声，阀口开启延时，压力继电器动作失准，系统工作稳定性变差进而产生振动现象等。系统内部的空气来源主要有油液中溶解的空气；油泵工作时产生吸空现象；系统泄漏，系统在工作时空气进入低压区，而在系统换向时，这部分空气就存在于高压区；系统排气不彻底等。在液压系统中只要压力低于空气分离压，就会出现空穴现象。要想完全消除空穴现象是非常困难的，减少空穴现象主要是要防止液压系统中的压力过度降低，常用的有以下措施。

（1）减少流经节流小孔前后的压力差，尽量使小孔前后的压力比小于3.5。

（2）保持液压系统中油压高于空气分离压。

（3）防止油泵进油口产生吸空现象。对于管道来说，要求油管有足够的通径，并尽量避免有狭窄处或突然的转弯。对于液压泵来说，应合理设计液压泵安装高度，避免在油泵吸油口产生空穴。必要时可通过适当加大吸油管内径来控制液压油在吸油管中的流速，降低沿程压力损失，这样就可以增加泵的吸油高度而不会产生空穴。液压泵吸油腔的过滤器要及时清洗或更换滤芯以防堵塞。高压泵宜设置辅助泵，向液压泵的吸油口提供足够的低压油。

（4）液压零件应选用抗腐蚀能力强的金属材料，合理设计，增加零件的机械强度，提高零件的表面加工质量，提高零件的抗气蚀能力，减少气蚀对零件的影响。

（5）进行良好密封，防止外部空气侵入液压系统，降低液体中气体的含量。

4．减少和防止液压冲击的措施

减少和防止液压冲击常用的措施有以下几个方面。

（1）降低开、关阀门的速度，减少冲击波的强度。

（2）限制管路中液流的流速。

（3）在管路中易发生液压冲击的地方采用橡胶软管或设置蓄能器，以吸收液压冲击的能量，减少冲击波传播的距离。

（4）在容易出现液压冲击的地方，安装限制压力升高的安全阀。

（5）降低机械系统的振动。

 思考与练习

（1）流动液体的压力损失主要有由哪两部分组成？它们的含义分别是什么？

（2）液体的流态有哪两种？如何进行液体流态的辨别？

（3）减少液压系统压力损失的措施主要有哪些？

（4）什么是空穴现象和气蚀？空穴现象产生的原因是什么？

（5）空穴现象有什么危害？应怎样减少空穴现象及其造成的危害？

（6）液压冲击是怎么产生的？它对液压系统和液压元件主要有什么危害？

（7）减少和防止液压冲击主要有哪些措施？

项目二 液压泵与液压

教学目标

➢ 熟悉液压泵的基本参数及其工作性能的影响因素。

➢ 熟悉各种液压泵的结构特征和工作原理。

➢ 熟悉几种典型液压泵的维修要点。

➢ 了解液压电动机的结构特征和工作原理。

一、液压泵的工作原理

液压泵是一种能量转换装置，它的作用是将外界输入的机械能转换为液压能，是液压传动系统中的动力元件，为系统工作提供压力和流量足够的油液。

1. 液压泵的工作原理

现以图 2.1 所示的单缸柱塞式液压泵为例，说明液压泵的一般工作原理。在图中，由柱塞 2、缸筒 3 和回位弹簧等组成一个最简单的柱塞式液压泵，其中柱塞 2 与缸筒 3 之间依靠极小的间隙来保证柱塞 2 能在缸筒中自由运动，又能实现空腔 6 对外密封，从而确保外界的空气不能进入空腔 6，且空腔 6 中的油液不能向外界泄漏。驱动凸轮 1 是外界机械能输入元件，用于驱动柱塞；单向阀 4 是进油阀，单向阀 5 是出油阀，均用于实现油液的单向流动。

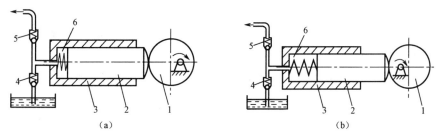

1—驱动凸轮；2—柱塞；3—缸筒；4—进油阀；5—出油阀；6—空腔

图 2.1 单缸柱塞泵式液压的工作原理图

（1）吸油（进油）过程。驱动凸轮按照图 2.1（a）所示方向旋转，柱塞 2 在回位弹簧的作用下向右移动，密封空腔 6 的容积增大，内部压力减少，形成真空。油箱中的油液在大气压力的作用下，克服进油阀 4 的弹簧作用力，进入密封空腔 6 充满这个空腔。

（2）压油（出油）过程。如图 2.1（b）所示，驱动凸轮 1 继续旋转，因凸轮的有效旋转半径在逐渐增大，促使柱塞 2 从最右边的极限位置向左移动，密封空腔 6 的容积逐渐减少，油液压力增大，油液克服出油阀 5 的弹簧弹力，将出油阀打开，油液流向系统管道。

由此可见，液压泵是依靠密封容积的变化来实现吸油和压油的，因此称为容积式液压泵。一般情况下，液压泵的工作过程应该包含吸油和压油两个过程，部分液压泵的工作过程中还包含封油保压过程（如齿轮泵、叶片泵等）。

2．液压泵正常工作的基本条件

（1）在结构上具有一个或多个密封且可以周期性变化的工作容积；当工作腔的容积增大时，形成负压，完成吸油过程；当工作腔的容积减小时，对油液形成压力，完成排油过程。液压泵的输出流量与工作腔的容积变化量和单位时间内的变化次数成正比，与其他因素无关。

（2）具有相应的配油机构，将吸油过程与排油过程分开。

（3）油箱内液体的绝对压力必须恒等于或大于大气压力。

二、液压泵的主要性能参数

1．压力（MPa）

（1）工作压力 p　是指液压泵向系统管道输出的实际压力。单位是 MPa。

（2）额定压力 p_n　是指液压泵能够向系统管道输出的最大安全压力，一般标注在液压泵的铭牌表上。单位是 MPa。

（3）极限压力　是指液压泵本身所能承受的最大压力。单位是 MPa。

液压泵在正常工作时，其工作压力应小于或等于泵的额定压力。

2．排量和流量

（1）排量 V（mL/r）（m^3/r）　在不考虑泄漏的情况下，液压泵每转一转所排出的液体体积。它只与液压泵的工作容积的几何尺寸有关。

（2）理论流量 q_t（L/min 或者 mL/min）在不考虑泄漏的情况下，液压泵每分钟所排出的液体体积。$q_t = V \cdot n$。

（3）实际流量 q（L/min 或者 mL/min）$q = q_t - q_1$ 由于泄漏量 q_1 随着压力 p 的增大而增大，所以实际流量 q 随着压力 p 的增大而减小。

（4）额定流量 q_n（L/min 或者 mL/min）它用来评价液压泵的供油能力，是液压泵技术规格指标之一。

3．功率和效率

（1）液压泵的功率损失　液压泵的功率损失包括容积损失和机械损失。

① 容积损失和容积效率　容积损失主要是液体泄漏造成的功率损失。液压泵的容积损

失用容积效率来表征。η_v 随着压力的增大而降低。

$$\eta_v = \frac{q}{q_t} = \frac{q_t - q_1}{q_t}$$

② 机械损失和机械效率 机械损失是因摩擦而造成的功率损失。机械损失用机械效率来表示。液压泵的机械效率 η_m 为液压泵的理论转矩 T_t 与实际输入转矩 T 之比，转矩损失为 T_1。转矩的单位均为 N.m。

$$\eta_m = \frac{T_t}{T} = \frac{T_t}{T_t + T_1}$$

（2）液压泵的功率 包括液压泵的输入功率 P_i 和液压泵的输出功率 P。单位均为 W 或 kW。

输入功率 P_i 是指外界对油泵输入的功率。

$$P_i = T\omega = \frac{T_i \cdot n}{9550} \quad (\text{kW})$$

n 是油泵的转速，单位是 r/min；ω 是液压泵轴的转动角速度，$\omega = 2\pi \cdot n / 60$，单位是 rad/s。

输出功率 P 是指液压泵对液压系统输出的功率，又称液压泵的额定功率。

$$P = \Delta p \cdot q$$

在实际的计算中若油箱通大气，液压泵吸油口和压油口之间的压力差 Δp 往往用液压泵出口压力 p 代入。

（3）总效率 η 是指液压泵的实际输出功率与外界对其输入功率的比值。它综合衡量了液压泵在考虑泵本身的机械损失和泄漏损失的情况下，对液压系统输出功率的能力。

$$\eta = \frac{P}{P_i} = \frac{p \cdot q}{T \cdot \omega} = \eta_v \cdot \eta_m$$

理论转矩 T_t 的计算：

$$T_t \cdot \omega = p_n \cdot q_n$$

综上所述，对于液压泵，额定压力 p_n、额定流量 q_n 和额定功率 P 是它的三个基本参数。

4. 液压泵的噪声

噪声也是液压泵的一项重要性能指标。液压泵的噪声包括机械噪声和液压噪声。常用声压级来衡量噪声的大小，是以频率 1000Hz 时 $2 \times 10^{-5} \text{N/m}^2$ 的声压为基准。

三、液压泵的分类

液压泵按其在单位时间内所能输出的油液的流量是否可调节而分为定量泵和变量泵；按照液压泵进出油口是否可以对换，分为单向泵和双向泵；按照液压泵额定压力的高低分为低压泵（额定压力 $p_n \leqslant 2.5\text{MPa}$）、中压泵（额定压力 $2.5\text{MPa} < p_n \leqslant 8\text{MPa}$）、中高压泵（额定压力 $8\text{MPa} < p_n \leqslant 16\text{MPa}$）、高压泵（额定压力 $16\text{MPa} < p_n \leqslant 32\text{MPa}$）和超高压泵（额定压力 $p_n > 32\text{MPa}$）；按结构形式分为齿轮式、叶片式和柱塞式。液压泵的职能符号主要表达了液压泵的驱动旋转方向、进出油口数量和方向、输出流量是否可以调节等因素，常用职能符号如图 2.2 所示。

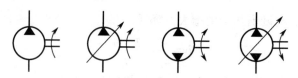

（a）单向定量泵（b）单向变量泵（c）双向定量泵（d）双向变量泵

图 2.2　各种液压泵的职能符号

工矿企业使用的液压泵作为液压系统的动力装置，其布置形式有两种类型。其中一种是将电动机、液压泵、油箱、安全阀等所组成的泵站作为其动力装置。液压泵站也可作为一个独立的液压装置，根据用户要求及使用条件配置集成块、设置冷却器、加热器、蓄能器及相关电气控制装置。

根据电动机与液压泵安装位置的不同，液压泵可以分为上置立式、上置卧式和旁置式，如图 2.3 所示。上置立式是将电动机与液压泵装置立式安装在油箱盖板上，主要用于定量泵系统；上置卧式是将电动机与液压泵装置卧式安装在油箱盖板上，主要用于变量泵系统，便于流量调节；旁置式是将电动机与液压泵装置卧式安装在油箱旁，旁置式还可装备备用电动机与液压泵装置，它主要用于油箱容积大于 250L，电动机功率大于 7.5kW 的系统。

液压泵站按液压油的冷却方式还可分为自然冷却式和强迫冷却式。自然冷却式靠油箱本身与空气热交换冷却，一般用于油箱容积小于 250L 的系统。强迫冷却式是安装一套专用冷却装置进行强制冷却，一般用于油箱容积大于 250L 的系统。

（a）上置立式　　　　　　（b）上置卧式　　　　　　（c）旁置式

图 2.3　液压泵站的不同安装形式

四、液压泵的基本参数及其工作的影响因素

1. 液压泵的基本参数

液压泵的基本参数包括其基本工作参数和与安装有关的参数。液压泵的基本工作参数是指液压泵本身对维持液压系统正常工作所能提供的必须参数，因此，液压泵的基本工作参数主要是指液压泵能对外输出的参数，也就是液压泵出油口参数（又称液压泵的额定参数），这主要包括额定压力 p_n、额定流量 p_n、额定功率 P 及其效率（包括机械效率 η_m、容积效率 η_v 和总效率 η）。

液压泵与安装有关的参数是指泵的安装定位有关的尺寸。具主要的泵的进出油口的尺寸、定位用螺钉孔尺寸、泵本身的外形尺寸等用于泵与液压系统连接、泵与基座之间的定位连接。一般情况下泵的基本工作参数标注在泵的铭牌上，用于液压系统设计时液压泵的选用和液压泵驱动装置的设计选用；液压泵与安装有关的参数不标注在泵的铭牌表上，但应体现在液压泵的技术资料上，以便使用者选用与之相配的液压系统连接组件和液压泵安装基座的相关尺寸。

2. 液压泵工作的影响因素

液压泵的工作性能是以液压泵出油口基本工作参数能否得到保障为依据，其工作状态的好坏主要取决于液压泵工作环境状态和液压泵本身的技术状态，影响的主要方向是造成液压泵出油口输出油液的压力和流量不足，进而造成系统功率下降；因空气混入油液而导致液压系统工作时产生尖啸的噪声，也会使油液压力难以建立，油液流量无法提高；硬质点颗粒状物质（如金属颗粒、灰尘、砂粒）和胶状物质进入油液将造成系统运动组件磨损加剧、形成划痕、堵塞各种液压控制阀通流缝隙或者形成泄漏，进而造成油液的压力损失和流量损失等，具体影响因素如下所述。

（1）油箱的影响　液压系统的油箱是为液压系统提供清洁、温度适当、流量充足的液压油。因此，油箱除了有储存液压油的功能外，还应有沉淀、冷却和防止油箱内的油液产生激荡的功能。另外，为了防止液压泵吸油时，产生吸空的现象，一方面需要保持油箱中油面高度适当；另一方面，液压泵的吸油口应完全浸没入油液中，并与油箱底部保持适当的距离，这样可以有效防止液压泵将油箱底部的杂质吸入和防止吸油口处空间不足导致液压泵吸油不足。必要时，可以在液压泵吸油口处加装集油器（又称集滤器），来防止液压泵吸油时吸入空气、杂质、胶质和液压油的泡沫等。

（2）油箱中空气压力的影响　油箱中空气压力的高低，将直接影响液压泵工作时吸入油液流量的多少。油箱中正常工作时空气压力分两种情况：一是常压式油箱，油箱内部空气压力等于大气压力。这种油箱需要有畅通的空气进入装置来防止油箱中的空气产生负压，同时又要防止水分、灰尘和砂粒等硬质点物质污染液压油。二是增压式油箱，油箱内部空气压力大于大气压力。这种油箱需要完全密闭，并加装专门的空气加压装置，因此，需要空气加压装置工作正常，才能确保液压泵吸入的液压油流量足够。

（3）液压油的影响　主要是指液压油的品质、温度和黏度对液压泵吸入油液的压力建立和油液流量有较大的影响。液压油温度过高、油液过稀，虽然可以保证油液的流动性，但是油液本身压力的建立就比较困难；油液温度过低、油液过稠，虽然可以保证油液压力的建立，但是也有可能造成某些液压系统压力过高，同时油液本身的流动性降低，造成油液流量不足。另外油液中混入水分或者液压油产生氧化现象（液压油本身的颜色都会产生相应的变化），会使液压油变质，液压油失去润滑特性，系统油液压力难以建立，系统压力不足。液压油中的硬质点颗粒和胶状物质，会加剧系统运动部件的磨损，堵塞机械缝隙使运动阻力增大，形成运动阻滞现象；或者使液压控制阀的阀口关闭不严形成泄漏，导致液压系统的执行部件出现运动不正常现象，严重时可能产生安全事故。

（4）液压泵机械部件运动的影响　主要是指液压泵机械密封间隙的大小对油液压力的建立和油液流量的影响。液压泵机械密封间隙过小，泵本身的运动阻力较大，容易造成温度过高。液压泵机械密封间隙过大，容易造成液压泵本身的密封不严，形成泄漏。这都会使液压泵出油压力不够，出油流量不足。因此，液压泵与密封有关的机械部件的配合间隙应符合原生产厂家的严格规定，不得随意更改配合间隙，或者在液压泵维修时任意更换相互配合的机械部件的配对。

知识链接

柱塞式液压泵机械部件的配合要求　柱塞式液压泵的柱塞与缸筒之间的配合间隙的大小直接关系到柱塞在缸筒中的运动情况和柱塞与缸筒之间的密封情况。此配合间隙过小，虽然可以保证柱塞与缸筒配合圆柱面之间密封良好，但是柱塞在缸筒中的运动阻力将会很大，影响柱塞的回位，造成柱塞泵工作腔容积变小，柱塞泵泵油量严重不足。如果此配合间隙过大，则柱塞与缸筒配合圆柱面之间密封变坏，容易形成泄漏，也会造成柱塞泵出油流量下降。一般情况下，柱塞与缸筒之间配合间隙的标准值为 0.005～0.012mm，通常情况下把这一组配合件称为"配合偶件"，只能成对使用，不得任意更换组合。例如，柴油发动机的柱塞式高压喷油泵，属于成组使用的多对柱塞偶件（发动机每个汽缸都有一对柱塞偶件），在维修时，需要保证成组更换所有配合柱塞偶件对，并保证所有配合柱塞偶件对在单位时间内工作时输出油量的最大差值不大于 3%。

任务二　齿轮泵

一、齿轮泵的结构与工作原理

如图 2.4 所示为一对外啮合齿轮泵。

（a）外形图

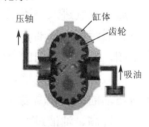
（b）工作原理图

（c）内部结构剖面图

图 2.4　外啮合齿轮泵

1. 结构组成

一般情况下，其主要结构由泵体、一对相互啮合的齿轮对、主动轴和从动轴、端盖及调整垫片等组成。如图 2.4（b）所示，其中相互啮合的齿轮对的未啮合部位的齿顶与泵体圆周有很小的间隙，既保证了齿轮对能顺利转动，又保证了高压油不至于沿齿轮齿顶和泵体圆周之间的间隙由高压区（出油口处）向低压区（吸油口处）泄漏；相互啮合的齿轮对在轮齿接触啮合部位，由于轮齿之间接触紧密，可以形成良好的密封；齿轮对的两个端面与泵盖之间通过调整垫片的调整，形成极小的间隙，此间隙既可以防止齿轮对的端面与泵盖之间产生刮擦，又可以保证高压油不能通过齿轮对的端面与泵盖之间的间隙泄漏到吸油区一边的低压区。

也就是说，齿轮泵以主动轴和从动轴之间的连线为分界线，将齿轮对与泵体之间的空腔（密封容积）分为两个区域，如图2.4（b）所示的左区和右区。由于齿轮对的主动齿轮（与较长轴连接的那个齿轮）可以沿顺时针和逆时针两个方向转动，因此，齿轮泵的吸油口和出油口可以相互交换，也就是说液压油在齿轮泵中的流动方向可以随吸油口和出油口的改变而改变，齿轮泵一般为双向定量泵。

2. 齿轮泵的工作原理

如图2.4（b）所示，假设下方的齿轮为主动齿轮且沿顺时针方向转动。在右区空腔，由于齿轮对的啮合传动，两个齿轮相互啮合的轮齿是处于逐渐脱离啮合的状态，以齿轮齿槽为参考形成的密封容积，在两个齿轮上都是增大的；而在左区，由于齿轮对的啮合传动，两个齿轮相互啮合的轮齿是处于逐渐进入啮合的状态，以齿轮齿槽为参考形成的密封容积，在两个齿轮上都是减少的。这样，由于齿轮对的啮合传动，齿轮泵左右两区的密封容积可以产生连续的变化，满足了液压泵能顺利工作的必要条件，也就是说，齿轮泵能够完成吸油和压油两个任务。

外啮合齿轮泵的基本工作原理是当下方的主动齿轮顺时针方向转动时，右区密封空腔因齿轮轮齿脱离啮合，齿槽间隙增大而使右区的密封容积增大，右区空腔形成负压，油箱中的油液在大气压力的作用下，沿进油管从齿轮泵的进油口进入齿轮泵右区，以充满齿轮齿槽间隙，这一过程称为吸油过程；随着齿轮的转动，充满齿轮齿槽空间的油液被带入泵体上下的圆弧区域，在这个区域，齿槽内的油液因齿轮的齿顶与泵体圆周是以极小间隙形成密封的，齿槽中的油液不能向右腔低压区泄漏，这一过程称为封油；齿轮继续旋转，齿槽中的油液被带到左区密封空腔，由于在左区的密封空腔内，相互啮合的齿轮对的轮齿逐渐进入啮合，以齿轮齿槽为参考的空腔容积逐渐减少，油液受到齿轮轮齿的压迫，油液压力升高超过大气压力，齿轮齿槽中的油液被从油泵的出油口压出，这一过程称为压油过程。

因此，一般情况下液压油泵的工作过程包括吸油、封油和压油三个过程。但是部分液压油泵，为了提高油泵泵油的效率，从结构上进行改进，把封油过程予以简化，在液压泵工作时就只有吸油和压油两个过程。对于齿轮泵来说，只要主动和从动齿轮不断旋转，这三个过程就会不断重复进行，促使油箱中的液压油不断通过齿轮泵连续地向液压系统提供压力和流量合适的液压油。但应该注意的是，齿轮泵对外输出油液的流量大小直接取决于单个轮齿齿槽空腔的大小和齿轮的单位转速，而齿轮泵对外输出油液的压力是由液压系统本身的负载决定的，不是取决于液压泵本身，液压泵本身只能提供一个最大允许承受的系统压力（液压泵的额定压力）。

二、齿轮泵的分类

目前，已把具有轮廓凸起和凹陷的齿槽结构组合在一起的转子类液压泵统称为齿轮泵，也就是说齿轮泵泛指利用齿形啮合原理进行工作的液压泵。如此一来，齿轮泵的类型有以下几种。

1. 外啮合齿轮泵

如图2.4所示，外啮合齿轮泵的优点是结构简单，尺寸小，重量轻，制造方便，价格低廉，工作可靠，自吸能力强（允许的吸油真空度大），对油液污染不敏感，维护容易。它的缺点是一些机件要承受不平衡径向力，磨损严重，泄漏大，工作压力的提高受到限制。此外，它的流量脉动大，因而压力脉动和噪声都比较大。

2. 内啮合齿轮泵

内啮合齿轮泵有渐开线齿轮泵（见图 2.5）和摆线齿轮泵（又名转子泵，见图 2.6）两种。它们的工作原理与外啮合齿轮泵完全相同，在渐开线齿形的内啮合齿轮泵中，小齿轮为主动轮，并且小齿轮和内齿轮之间要装一块月牙形的隔板，以便把吸油腔和压油腔隔开。内啮合齿轮泵在结构上利用机械间隙密封的重点部位有：内齿轮的外圆周与泵体承孔之间的间隙；小齿轮的齿顶与月牙板之间的间隙；内齿轮的齿顶与月牙板之间的间隙；两个齿轮的端面与齿轮泵的端盖之间的间隙。内啮合齿轮泵的端盖上设置有专门的配油装置，以便将吸油区和压油区分开，防止高压油从压油区向油液压力较低的吸油区泄漏。

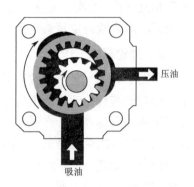

图 2.5 渐开线齿轮泵

内啮合齿轮泵结构紧凑，尺寸小，重量轻，由于齿轮转向相同，相对滑动速度小，磨损小，使用寿命长，流量脉动远小于外啮合齿轮泵，因而压力脉动和噪声都较小；内啮合齿轮泵允许高转速工作（高转速下的离心力能使油液更好地充入密封工作腔），可获得较高的容积效率，吸油条件更为良好。内啮合齿轮泵的缺点是齿形复杂，加工精度要求高，需要专门的制造设备，造价较贵。

转子泵的工作原理如图 2.6（a）所示。在工作时以图 2.6（a）中所示的垂直中轴线为参考，内外转子之间始终保持以极小间隙密封，实现将液压泵的内部空腔分为吸油区和压油区。内外转子之间有一定的偏心距 e，属于内啮合性质，因此内外转子在工作时的转动方向是一致的。基本工作原理是，当内转子按照图所示方向转动时，外转子在啮合作用下，按照相同方向转动，在垂直中轴线左侧，内转子的齿形逐渐从外转子的齿槽中脱离啮合，内外转子齿槽间隙增大，吸油区 4 的密封容积增大，形成负压，油箱中的油液通过配流装置进入转子泵左侧密封空腔 4，完成吸油；在下方密封于内外转子齿槽中的油液从左侧被带入垂直中轴线的右侧，在这个区域，内转子的齿形逐渐进入外转子的齿槽中，使齿槽空间减少，油液受到压迫，油液压力提高，油液被从压油区 5 通过出油口流向液压系统管道，实现压油。

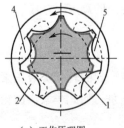

（a）工作原理图

（b）转子泵外观图

1—内转子；2—外转子；4—吸油区；5—压油区

图 2.6 转子泵

3．螺杆泵

螺杆泵实质上是一种外啮合的摆线齿轮泵，泵内的螺杆可以有两个，也可以有三个。图 2.7 所示为双螺杆泵的工作原理图。在横截面内，螺杆的齿廓由几对摆线共轭曲线组成。螺杆的啮合线把主动螺杆和从动螺杆的螺旋槽分割成多个相互隔离的密封工作腔。随着螺杆的旋转，这些密封工作腔一个接一个地在左端形成，不断地从左向右移动（主动螺杆每转一周，每个密封工作腔移动一个螺旋导程），并在右端消失。密封工作腔形成时，它的容积逐渐增大，进行吸油；消失时容积逐渐缩小，将油压出，螺杆泵的螺杆直径越大，螺旋槽越深，排量就越大；螺杆越长，吸油口和压油口之间的密封层次越多，密封就越好，泵的额定压力就越高。

4．特殊结构的齿轮泵

特殊结构的齿轮泵如图 2.8 所示。

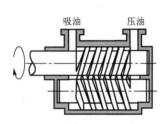

图 2.7　双螺杆泵工作原理图　　　　图 2.8　特殊结构的齿轮泵

三、齿轮泵的特性

由于所有类型的齿轮泵，都属于啮合传动，为了保证主从动构件的运动能够顺利进行，相应地要求各运动机件相互之间应有合理的运动间隙。所以，各种类型的齿轮泵具有以下一些典型的特性。

1．径向力不平衡问题

齿轮泵在工作中，吸油腔的油液压力低于大气压力，压油腔的油液压力是由负载决定的工作压力，两者相差较大。吸油腔和压油腔的油液压力不均衡，可引起对齿轮和与其连接的传动轴上所受的径向力不平衡。这种不平衡的径向力将使轴承单向受力（轴承磨损是影响液压泵寿命的主要原因），使与齿轮连接的轴产生弯曲变形，以至于齿轮的齿顶压向吸油区一侧的泵体内壁，两者之间将会产生刮擦。

2．流量脉动

齿轮啮合传动的特点，决定了齿轮啮合传动时，由于轮齿齿形所影响的齿轮齿槽间隙的变化是不均匀的。一对齿轮轮齿在啮合传动的过程中，一对轮齿啮合开始和终了时，齿槽间隙变化最小，因此，这时齿轮泵对外输出的油液流量最少；一对轮齿在节点位置啮合时，齿槽间隙变化最大，因此，这时齿轮泵对外输出的油液流量最大。

齿轮泵的流量脉动相当严重，且齿轮对齿数越少，流量脉动越严重。而流量的脉动将会引起油液压力的脉动，使系统工作产生振动与噪声，所以高精度的机械不宜采用这种液压泵。

3．困油现象

在齿轮传动中，为实现两齿轮连续传动，一般取重叠系数 ε =1.05～1.1，这样就会间歇性地出现有两对轮齿同时啮合，这两对啮合轮齿对之间因齿轮侧隙的存在而形成困油区，如图 2.9 所示，也就是说，当有两对轮齿同时啮合时，由于轮齿之间的侧隙形成密封容积而将液压油密封在这一区域，这种现象称为"困油现象"。困油区的密封容积在齿轮转动过程中是不断变化的，而困在困油区的油液体积基本不变，由于"困油"现象的存在，会导致这个区域的油液压力忽高忽

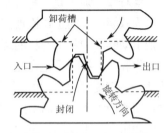

图 2.9　困油现象示意图

低，引起振动和噪声。为解决这一问题，齿轮泵的两个端盖上均设有卸荷槽，当困油区油液压力升高时，与油泵的压油区相连通以疏导高压油；当困油区油液压力降低时，与油泵的吸油区相连通以引入油液进行补充。两个端盖上的卸货槽可以保证油泵的吸油区和压油区在任何时候均不连通。

4．转速问题

齿轮泵因转动件基本平衡，额定转速可以较高。外啮合齿轮泵转速可达 1450～1800r/ min。但是外啮合齿轮泵转速过高，油液会因离心力过大而不能填满轮齿齿槽，并增大吸油阻力造成空穴，这就是"吸空"现象。转速也不能过低，因一定压力下泄漏为常量，转速过低 F_{21} 使流量过小，造成液压泵的容积效率 η_v 过低而无法工作，规定泵的转速 $n>300r/min$。

5．泄漏问题

液压元件都有泄漏现象，泄漏就是油液通过缝隙由高压区向低压区流动。齿轮泵的内部泄漏有三条途径：一是通过齿轮端面与泵盖之间的间隙，为主要泄漏途径；二是通过齿轮的齿顶与泵体内孔之间的间隙；三是通过两个齿轮轮齿啮合线处的齿侧间隙产生微量泄漏。

四、齿轮泵的安装调试与维修

1．液压泵的安装调试

液压泵与电动机、工作机构间的同轴度偏差应小于 0.1mm，轴线间的倾角偏差不大于 1°，避免过力敲击泵，以免损伤转子。另外，泵的旋转方向及进出油口方向不得接反。

2．液压泵的检查维修

齿轮泵常见故障现象及其排除方法见表 2.1。

表 2.1　齿轮泵常见故障及其排除方法

故　　障	产　生　原　因	排　除　方　法
不吸油输油不足压力提不高	（1）电动机转向错误 （2）吸入管道或滤油器堵塞 （3）轴向间隙或径向间隙过大 （4）各连接处泄漏，有空气混入 （5）油液黏度太大或油液温升太高	（1）纠正电动机旋转方向 （2）疏通管道，清洗滤油器，换新油 （3）修复更换有关零件 （4）紧固各连接处螺钉，避免泄漏严防空气混入 （5）油液应根据温升变化选用

续表

故　障	产　生　原　因	排　除　方　法
噪声严重 压力波动大	（1）油管及滤油器部分堵塞或吸油管吸入口处滤油器容量小 （2）从吸入管或轴密封处吸入空气或者油中有气泡 （3）泵轴与联轴器同轴度超差或擦伤 （4）齿轮本身的精度不高 （5）油液黏度太大或温升太高	（1）除去脏物，使吸油管畅通，或改用容量合适的滤油器 （2）连接部位或密封处加点油，如果噪声减小，可拧紧管接头或更换密封圈，回油管管口应在油面以下，与吸油管要有一定距离 （3）调整同轴度，修复擦伤 （4）更换齿轮或对研修整 （5）应根据温升变化选用油液
液压泵旋转 不灵活或咬死	（1）轴向间隙及径向间隙过小。 （2）油泵装配不良，泵和电动机的联轴器同轴度不好。 （3）油液中杂质被吸入泵体内。 （4）前盖螺孔位置与泵体后盖通孔位置不对，拧紧螺钉后别劲而转不动	（1）检测泵体、齿轮，修配有关零件。 （2）根据油泵技术要求重新装配。 （3）调整同轴度，严格控制在 0.2mm 以内严防周围灰沙、铁屑及冷却水等物进入油池，保持油液洁净。 （4）用钻头或圆锉将泵体后盖孔适当修大再装配

 思考与练习

（1）为什么齿轮泵不宜在过载条件下使用？

（2）齿轮泵在运转中产生噪声和振动是何原因？

（3）齿轮泵有自吸能力，为什么新泵和大修后的齿轮泵在启动前要向泵内注油？

（4）螺杆泵螺杆刚性差，在管理、检修与安装时应注意什么？

（5）齿轮泵运转时泄漏的途径有哪些？

（6）何谓液压泵的困油现象？请说明困油引发的后果。

任务三　叶　片　泵

一、叶片泵的结构与工作原理

1．基本结构

以单作用式叶片泵为例，如图 2.10 所示。叶片泵一般由转子、定子、叶片和端盖组成。其中转子上有若干个叶片槽，叶片与叶片槽之间通过小间隙配合形成密封，密封容积是由叶片的底部、转子槽和两个端盖之间的若干空腔组成，密封容积的变化依靠叶片在叶片槽中的滑动来实现。端盖上加工有配有装置，分别形成吸油区和压油区，在结构上确保吸油区和压油区在任何时候均不会连通。单作用式叶片泵在结构上其转子与定子之间有一定的偏心距 e，此偏心距 e 的大小和方向均可以调节。因此，单作用式叶片泵一般用作双向变量泵。

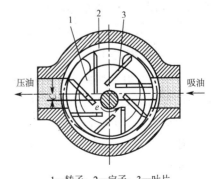

1—转子；2—定子；3—叶片

图 2.10　单作用式叶片泵结构图

2. 基本工作原理

当转子旋转时，由于离心力的作用，使叶片紧靠在定子内壁，这样在定子、转子、叶片和两侧配油盘间就形成了若干个密封的工作空间。转子逆时针旋转，在转子右侧的吸油腔，叶片与转子槽之间的工作空腔密封容积逐渐增大，将油箱中的油液吸入。在左侧的压油腔，叶片被定子内壁逐渐压进槽内，工作空腔的密封容积逐渐缩小，油液压力逐渐提高，油液被从压油口压出。在吸油腔和压油腔之间，有一段封油区，把吸油腔和压油腔隔开。这种叶片泵转子每转一周，每个工作空腔完成一次吸油和压油过程，因此称为单作用叶片泵。

二、叶片泵的分类

叶片泵根据以下方法可以进行基本分类。

（1）根据各密封工作容积在转子每旋转一周吸、排油液次数的不同，叶片泵分为两类，即每旋转一周完成一次吸、排油液的单作用叶片泵和完成两次吸、排油液的双作用叶片泵。

（2）根据输出油液的方向是否可以改变，叶片泵可以分为单向泵和双向泵。单向泵的吸油口和压油口是固定的，双向泵的吸油口和压油口可以通过改变叶片泵的转子与定子之间的偏心距 e 的方向来改变，但是注意叶片泵转子的旋转方向是固定方向的，不允许随意改变转子的转动反方向。

（3）根据叶片泵输出油液的流量是否可以改变，可以分为变量泵和定量泵。一般情况下，单作用式叶片泵可以通过改变定子和转子之间的偏心距 e 的大小来改变输出油液流量的大小，属于变量泵；双作用式叶片泵的转子和定子之间不存在偏心距 e，所以，双作用式叶片泵的输出油液流量不可以改变，属于定量泵。

三、叶片泵的特性

1. 单作用式叶片泵

其工作原理图如图 2.10 所示。单作用叶片泵可以通过改变定子和转子之间的偏心距 e 改变输出油液的流量。偏心距 e 反向时，吸油压油方向也相反。但由于转子受不平衡的径向液压作用力，所以一般不宜用于高压系统。并且泵本身结构比较复杂，泄漏量大，流量脉动较严重，致使执行元件的运动速度不够平稳。单作用式叶片泵多用于变量泵，工作压力最大为 7.0MPa。

2. 双作用式叶片泵

双作用式叶片泵的工作原理如图 2.11 所示。其剖面结构及实物图如图 2.12 所示。双作用式叶片泵转子和定子中心重合，定子内表面近似椭圆柱形。当转子转动时，叶片在离心力和根部压力油的作用下，在转子槽内向外移动而压向定子内表面。这样叶片、定子的内表面、转子的外表面和两侧配油盘之间就形成了若干个密封空腔。当转子按图 2.11 所示顺时针方向旋转时，从小圆弧

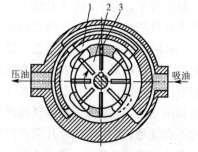

1—定子；2—转子；3—叶片

图 2.11　双作用式叶片泵工作原理图

上的密封空间运动到大圆弧的过程中，叶片外伸，密封空腔的容积增大，从油箱吸入油液；在从大圆弧运动到小圆弧的过程中，叶片被定子内壁逐渐压进槽内，密封空腔容积变小，油液从压油口压出供液压系统使用。转子每转一周，要经过两次这样的过程，所以，每个工作空腔要完成两次吸油和压油，故称为双作用式叶片泵。

图 2.12 叶片泵的剖面结构及实物和剖面图

这种叶片泵由于有两个吸油区和两个压油区，并且各自的中心夹角是对称的，作用在转子上的油液压力相互平衡，因此，双作用式叶片泵又称卸荷式叶片泵，为了要使径向力完全平衡，密封空腔数（叶片数）应当是偶数。

双作用式叶片泵结构紧凑，流量均匀，排量大，且几乎没有流量脉动，运动平稳，噪声小，容积效率可达 90%以上。转子受力相互平衡，可工作于高压系统，轴承寿命长。但双作用式叶片泵结构复杂、制造比较困难，转速也不能太高，一般在 2000r/min 以下。它的抗污染能力也较差，对油液的质量要求较高，如果油液中存有杂质往往会使叶片在槽内卡死。双作用式叶片泵均为定量泵，一般最大工作压力为 7.0MPa，经改进的高压叶片泵最大工作压力可达 16.0～21.0MPa。

叶片泵的结构较齿轮泵复杂，但其工作压力较高，且流量脉动小，工作平稳，噪声较小，寿命较长。所以，它被广泛应用于机械制造中的专用机床、自动线等中低压液压系统中，但其结构复杂，吸油特性不太好，对油液的污染也比较敏感。

四、叶片泵的安装调试与维修

叶片泵的常见故障、产生原因及排除方法见表 2.2。

表 2.2 叶片泵常见故障、产生原因及排除方法

故　障	产 生 原 因	排 除 方 法
液压泵吸不上油或无压力	（1）泵的旋转方向不对，泵吸不上油。 （2）液压泵传动键脱落。 （3）进出油口接反。 （4）油箱内油面过低，吸入管口露出液面。 （5）转速太低吸力不足。 （6）油液黏度过高使叶片运动不灵活。 （7）油温过低，使油黏度过高。 （8）系统油液过滤精度低导致叶片在槽内卡住。 （9）吸入管道或过滤装置堵塞或过滤器过滤精度过高造成吸油不畅。 （10）吸入管道漏气。	（1）可改变电动机转向，一般泵上有箭头标记，无标记时，可对着泵轴方向观察，泵轴应是顺时针方向旋转。 （2）重新安装传动键。 （3）按说明书选用正确接法。 （4）补充油液至最低油标线以上。 （5）转速低，离心力无法使叶片从转子槽内移出，形成不可变化的密封空间。一般叶片泵转速低于500rpm 时，吸不上油。高于 1500rpm 时，吸油速度太快也吸不上油。 （6）运用推荐黏度的工作油。 （7）加温至推荐正常工作温度。

故　　障	产　生　原　因	排　除　方　法
液压泵吸不上油或无压力		（8）拆洗，修磨液压泵内脏件，仔细重装，并更换油液。 （9）清洗管道或过滤装置，除去堵塞物，更换或过滤油箱内油液，按说明书正确选用滤油器。 （10）检查管道各连接处，并予以密封、紧固
流量不足，达不到额定值	（1）转速未达到额定转速。 （2）系统中有泄漏。 （3）由于泵长时间工作，振动，使泵盖螺钉松动。 （4）吸入管道漏气。 （5）吸油不充分： ① 油箱内油面过低。 ② 入口滤油器堵塞或通流量过小。 ③ 吸入管道堵或通径小。 ④ 油液黏度过高或过低。 （6）变量泵流量调节不当	（1）按说明书指定额定转速选用电动机转速。 （2）检查系统，修补泄漏点。 （3）拧紧螺钉。 （4）检查各连接处，并密封紧固。 （5）充分吸油： ① 补充油液至最低油标线以上。 ② 清洗过滤器或选用通流量为泵流量2倍以上的滤油器。 ③ 清洗管道，选用不小于泵口通径的吸入管。 ④ 选用推荐黏度的工作油。 （6）重新调节至所需流量
压力升不上去	（1）泵吸不上油或流量不足。 （2）溢流阀调整压力太低或出现故障。 （3）系统中有泄漏。 （4）由于泵长时间工作、振动、使泵盖螺钉松动。 （5）吸入管道漏气。 （6）吸油不充分。 （7）变量泵压力调节不当	（1）同前述排除方法。 （2）重新调试溢流阀压力或修复溢流阀。 （3）检查系统，修补泄漏点。 （4）拧紧螺钉。 （5）检查各连接处，并予以密封紧固。 （6）同前述排除方法。 （7）重新调节至所需压力
噪声过大	（1）吸入管道漏气。 （2）吸油不充分。 （3）泵轴和原动机轴不同心。 （4）油中有气泡。 （5）泵转速过高。 （6）泵压力过高。 （7）轴密封处漏气。 （8）油液过滤精度过低导致叶片在槽中卡住。 （9）变量泵止动螺钉误调失当	（1）检查各连接处，并予以密封紧固。 （2）同前述排除方法。 （3）重新安装达到说明书要求精度。 （4）补充油液或采取结构措施，把回油浸入油面以下。 （5）选用推荐转速。 （6）降压至额定压力以下。 （7）更换油封。 （8）拆洗修磨泵内脏件并仔细重新组装，并更换油液。 （9）适当调整螺钉至噪声达到正常
过度发热	（1）油温过高。 （2）油液黏度太低，内泄过大。 （3）工作压力过高。 （4）回油口直接接到泵入口	（1）改善油箱散热条件或增设冷却器，使油温控制在推荐正常工作油温范围内。 （2）选用推荐黏度工作油。 （3）降压至额定压力以下。 （4）回油口接至油箱液面以下
振动过大	（1）轴与电动机轴不同心。 （2）安装螺钉松动。 （3）转速或压力过高。 （4）油液过滤精度过低导致叶片在槽中卡住。 （5）吸入管道漏气。 （6）吸油不充分。 （7）油中有气泡	（1）重新安装达到说明书要求精度。 （2）拧紧螺钉。 （3）调整至需用范围以内。 （4）拆洗、修磨泵内零件重新组装，并更换油液或重新过滤油箱内油液。 （5）检查各连接处，并予以密封紧固。 （6）同前述排除方法。 （7）补充油液或采取结构措施，把回油浸入液面以下
外渗漏	（1）密封老化或损伤。 （2）进出油口连接部位松动。 （3）密封面磕碰。 （4）外壳体砂眼	（1）更换密封。 （2）紧固螺钉或管接头。 （3）修磨密封面。 （4）更换外壳体

思考与练习

（1）试述叶片泵的工作原理。

（2）确定双作用叶片泵的叶片数应满足什么条件？通常采用的叶片数为多少？

（3）试述叶片泵的特点。

（4）在管理与维修叶片泵时主要注意什么？

任务四　柱　塞　泵

一、柱塞泵的结构与特点

柱塞泵由于其出油流量能方便进行调节，因此一般作为变量泵使用。柱塞泵的主要结构一般由柱塞、与柱塞相配合的缸体、输油流量调节机构和传动机构等重要部件组成。部分柱塞泵有出油阀，用于防止油液倒流。其中柱塞与缸体之间采用极小间隙配合，形成密封容积，密封容积的变化依靠柱塞与缸体之间的直线往复相对运动来实现。柱塞与缸体圆柱形内孔之间的配合间隙一般为 0.002～0.003 mm，所以把这一对构件称为"柱塞偶件"。在维修时，柱塞偶件只允许成对更换，不具备互换性功能。

柱塞泵与齿轮泵和叶片泵相比，这种泵有许多优点。

（1）构成密封容积的零件为圆柱形的柱塞和缸孔，加工方便，可得到较高的配合精度，密封性能好，在高压下工作仍有较高的容积效率。

（2）只需改变柱塞的工作行程就能改变流量，易于实现变量。

（3）柱塞泵主要零件均受压应力，材料强度性能可以充分利用。

由于柱塞泵压力高，结构紧凑，效率高，流量调节方便，故在需要高压、大流量、大功率的系统中和流量需要调节的场合（如龙门刨床、拉床、液压机、工程机械、矿山冶金机械、船舶上）得到广泛的应用。

二、柱塞泵的分类

柱塞泵按柱塞轴线与泵本身的传动轴轴线的排列和运动方向不同，可分为轴向柱塞泵和径向柱塞泵两类。

1．轴向柱塞泵的工作原理

轴向柱塞泵是将多个柱塞配置在一个共同缸体的圆周上，并使柱塞中心线和缸体中心线平行的一种泵。轴向柱塞泵有两种形式：直轴式（斜盘式）和斜轴式（摆缸式）。图 2.13 所示为直轴式轴向柱塞泵的工作原理。这种泵主体由传动轴 1、缸体 2、输出油量调节斜盘 3和滑靴 4、柱塞 5 和缸体柱塞孔 6 组成。柱塞沿圆周均匀分布在缸体内。斜盘轴线与缸体轴线倾斜一定角度，柱塞靠机械装置或在低压油作用下压紧在斜盘上；配油盘和输出油量调节斜盘 3 固定不转。当原动机通过传动轴使缸体转动时，由于斜盘的作用，迫使柱塞在缸体内作往复运动，并通过配油盘的配油窗口进行吸油和压油。如图 2.14 中所示回转方向，当缸体转角在π～2π范围内，柱塞向外伸出，柱塞底部缸孔的密封工作容积增大，通过配油盘的吸油窗口吸油；在0～π范围内，柱塞被斜盘推入缸体，使缸孔容积减小，通过配油盘的压油窗口压油。缸体每转一周，每个柱塞各完成吸油和压油一次。如果改变斜盘与传动轴之间的倾角，就能改变柱塞行程的长度，即改变液压泵的排量。改变斜盘倾角方向，就能改变吸油和压油的方向，即成为双向变量泵。

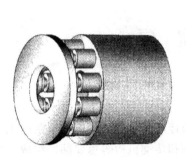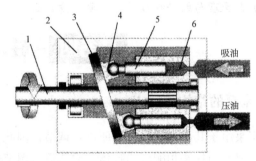

1—传动轴；2—缸体；3—斜盘；4—滑靴；5—柱塞；6—柱塞孔

图 2.13　直轴式轴向柱塞泵工作原理图

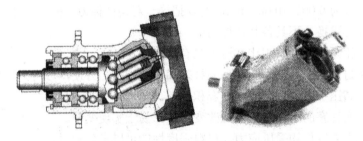

图 2.14　斜轴式轴向柱塞泵工作原理及实物图

斜轴式轴向柱塞泵的传动轴线与缸体的轴线相交一个夹角。柱塞通过连杆与主轴盘铰接，并由连杆的强制作用使柱塞产生往复运动，从而使柱塞腔的密封容积变化而输出液压油。这种柱塞泵变量范围大，泵强度大，但结构较复杂，外形尺寸和重量都较大。

轴向柱塞泵的优点是结构紧凑、径向尺寸小，惯性小，容积效率高。目前最高压力可达40.0MPa，甚至更高。一般用于工程机械、压力机等高压系统中。但其轴向尺寸较大，轴向作用力也较大，结构比较复杂。

2. 径向柱塞泵的工作原理

如图2.15所示，径向柱塞泵主要由定子1、转子1、传动轴2、衬套（图中未示出）和柱塞4等组成。转子上均匀地布置着几个径向排列的孔，柱塞可在孔中自由地滑动。配油轴把衬套的内孔分隔为上下两个分油室，这两个油室分别通过配油轴上的轴向孔与泵的吸、压油口相通。定子与转子偏心安装，当转子按图示方向逆时针旋

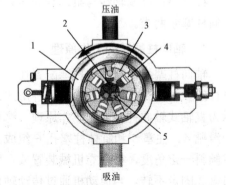

1—定子；2—传动轴；3—转子；4—柱塞；5—轴向孔

图 2.15　径向柱塞泵工作原理图

转时，柱塞在下半周时逐渐向外伸出，柱塞孔的容积增大形成局部真空，油箱中的油液通过配油轴上的吸油口和油室进入柱塞孔，这就是吸油过程。当柱塞运动到上半周时，定子将柱塞压入柱塞孔中，柱塞孔的密封容积变小，孔内的油液通过油室和排油口压入系统，这就是压油过程。转子每转一周，每个柱塞各吸、压油一次。封油区的宽度应能封住衬套上的吸压油孔，以防吸油口和压油口相连通，但尺寸也不能大得太多，以免产生困油现象。

径向柱塞泵的输出流量由定子与转子间的偏心距决定。若偏心距为可调的，就成为变量泵，图 2.15 所示即为一变量泵。若偏心距的方向改变后，进油口和压油口也随之互相变换，则变成双向变量泵。径向柱塞泵的实物图如图 2.16 所示。

图 2.16　径向柱塞泵的实物图

三、柱塞泵的安装调试与维修

带滑靴结构的轴向柱塞泵是目前使用最广泛的轴向柱塞泵，安放在缸体中的柱塞通过滑靴与斜盘相接触，当传动轴带动缸体旋转时，斜盘将柱塞从缸体中拉出或推回，完成吸排油过程。柱塞与缸孔组成的工作容腔中的油液通过配油盘分别与泵的吸、排油腔相通。变量机构用来改变斜盘的倾角，通过调节斜盘的倾角可改变泵的排量。

1. 柱塞泵的维护

斜盘式轴向柱塞泵一般采用缸体转动、端面配流的形式。缸体端面上镶有一块由双金属板与钢配油盘组成的摩擦副，而且大多数是采用平面配流的方法，所以维修比较方便。配油盘是轴向柱塞泵的关键部件之一，泵工作时，一方面工作腔的高压油把缸体推向配油盘，另一方面配油盘和缸体间的油膜压力形成对缸体的液压反推力使缸体背离配油盘。缸体对配油盘的设计液压压紧力 F_n 略大于配油盘对缸体的液压反推力 F_f，即 F_n/F_f =1.05～1.1，使泵工作正常并保持较高的容积效率。实际上，由于油液的污染，往往会使配油盘与缸体之间产生轻微磨损。特别是高压时，即使轻微的磨损也可以使液压反推力 F_f 增大，从而破坏 F_n。

直轴斜盘式柱塞泵分为压力供油型和自吸油型两种。压力供油型液压泵大都采用有气压的油箱，也有液压泵本身带有补油分泵向液压泵进油口提供压力油的。自吸油型液压泵的自吸油能力很强，无须外力供油。

气压供油的液压油箱，在每次启动机器后，必须等液压油箱达到使用气压后，才能操作机械。如果液压油箱的气压不足时就机械执行装置，则会使液压泵内的转子与滑靴造成拉脱现象，出现泵体内回程板与压板的非正常磨损。采用补油泵供油的柱塞泵，使用 3000h 后，操作人员每日需对柱塞泵检查 1～2 次，检查液压泵运转声响是否正常。如果发现液压缸速度下降或闷车时，就应该对补油泵解体检查，检查叶轮边沿是否有刮伤现象，内齿轮泵间隙是否过大。

对于自吸油型柱塞泵，液压油箱内的油液不得低于油标下限，要保持足够数量的液压油。液压油的清洁度越高，液压泵的使用寿命越长。液压泵用轴承柱塞泵最重要的部件是轴承，如果轴承出现游隙，则不能保证液压泵内部三对摩擦副的正常间隙，同时也会破坏各摩擦副的静液压支撑油膜厚度，降低柱塞泵轴承的使用寿命。据液压泵制造厂提供的资料，轴承的平均使用寿命为 10000h，超过此值就需要更换新件。拆卸下来的轴承，没有专业检测仪器是无法检测出轴承的游隙的，只能采用目测，如果发现滚柱表面有划痕或变色，就必须更换。在更换轴承时，应注意原轴承的英文字母和型号，柱塞泵轴承大都采用大载荷容量轴承，最好购买原厂家、原规格的产品，如果更换另一种品牌，应请教对轴承有经验的人员查表对换，目的是保持轴承的精度等级和载荷容量。

2．三对摩擦副检查与修复

柱塞杆与缸体孔根据柱塞泵零件的更换标准，当零件的各种间隙超差时，可按下述方法修复。

（1）缸体镶装铜套的，可以采用更换铜套的方法修复。首先把一组柱塞杆外径修整到统一尺寸，再用 1000# 以上的砂纸抛光外径。

缸体安装铜套的三种方法：①缸体加温热装或铜套低温冷冻挤压，过盈装配；②采用乐泰胶黏着装配，这种方法要求铜外套外径表面有沟槽；③缸孔攻丝，铜套外径加工螺纹，涂乐泰胶后，旋入装配。

（2）熔烧结合方式的缸体与铜套，修复方法如下。①采用研磨棒，手工或机械方法研磨修复缸孔；②采用坐标镗床，重新镗缸体孔；③采用铰刀修复缸体孔。

（3）采用"表面工程技术"，方法如下。①电镀技术：在柱塞表面镀一层硬铬；②电刷镀技术：在柱塞表面刷镀耐磨材料；③热喷涂或电弧喷涂或电喷涂：喷涂高碳马氏体耐磨材料；④激光熔敷：在柱塞表面熔敷高硬度耐磨合金粉末。

（4）缸体孔无铜套的缸体材料大都是球墨铸铁的，在缸体内壁上制备非晶态薄膜或涂层。因为缸体孔内壁有了这种特殊物质，所以才能组成硬—硬配对的摩擦副。如果盲目地研磨缸体孔，把缸体孔内壁这层表面材料研掉，缸体摩擦表面的结构性能也就改变了。被去掉涂层的摩擦副，如果强行使用，就会使摩擦面温度急剧升高，柱塞杆与缸孔发生胶合。

另外在柱塞杆表面制备一种独特的薄膜涂层，涂层含有减摩+耐摩+润滑功能，这组摩擦副实际还是硬—软配对，一旦人为改变涂层，也就破坏了最佳配对材料的摩擦副，修理这些特殊的柱塞泵，就要送到专业修理厂。

滑靴与斜盘的滑动摩擦是斜盘柱塞泵三对摩擦副中最为复杂的一对。表 2.3 列出了柱塞杆球头与滑靴球窝的间隙，如果柱塞与滑靴间隙超差，柱塞腔中的高压油就会从柱塞球头与滑靴间隙中泄出，滑靴与斜盘油膜减薄，严重时会造成静压支撑失效，滑靴与斜盘发生金属接触摩擦，滑靴烧蚀脱落，柱塞球头划伤斜盘。柱塞杆球头与滑靴球窝超出公差 1.5 倍时，必须成组更换。

斜盘作用一段时间后，斜盘平面会出现内凹现象，在采用平面研磨前，首先应测量原始尺寸和平面度。研磨后，再测出研磨量是多少，如果在 0.18mm 以内，则对柱塞泵使用无妨碍；如果超出 0.2mm 以上，则应采用表面氮化处理的方法来保持原有的氮化层厚度。

表 2.3　柱塞与柱塞孔及滑靴配合间隙要求

柱塞杆与缸孔柱塞杆直径	$\phi16$	$\phi20$	$\phi25$	$\phi30$	$\phi35$	$\phi40$
标准间隙	0.015	0.025	0.025	0.030	0.035	0.040
极限间隙	0.040	0.050	0.060	0.070	0.080	0.090
柱塞杆球头与滑靴球窝标准间隙	0.010	0.010	0.015	0.015	0.020	0.020
极限间隙	0.30	0.30	0.30	0.35	0.35	0.35

　　斜盘平面被柱塞球头刮削出沟槽时，可采用激光熔敷合金粉末的方法进行修复。激光熔敷技术既可保证材料的接触强度，又能保证补熔材料的硬度，且不会降低周边组织的硬度。也可以采用铬相焊条进行手工堆焊，补焊过的斜盘平面需重新热处理，最好采用氮化炉热处理。不管采取哪种方法修复斜盘，都必须恢复原有的尺寸精度、硬度和表面粗糙度。配流盘与缸体配流面的修复方法有平面配流和球面配流两种形式。球面配流的摩擦副，在缸体配流面划痕比较浅时，可通过研磨手段修复；缸体配流面沟槽较深时，应先采用"表面工程技术"手段填平沟槽后，再进行研磨，不可盲目研磨，以防铜层变薄或露出钢基。平面配流形式的摩擦副可以在精度比较高的平台上进行研磨。缸体和配流盘在研磨前，应先测量总厚度尺寸和应当研磨掉的尺寸，再补偿到调整垫上。配流盘研磨量较大时，研磨后应重新热处理，以确保淬硬层硬度。

　　柱塞泵零件硬度标准：柱塞杆推荐硬度 56HRC，柱塞杆球头推荐硬度大于 45HRC，斜盘表面推荐硬度大于 45HRC，配流盘推荐硬度大于 45HRC。

　　缸体与配流盘修复后，可采用下述方法检查配合面的泄漏情况，即在配流盘面涂上凡士林油，把泄油道堵死，涂好油的配流盘平放在平台或平板玻璃上，再把缸体放在配流盘上，在缸孔中注入柴油，要间隔注油，即一个孔注油、一个孔不注油，观察 4h 以上，柱塞孔中柴油无泄漏和串通，说明缸体与配流盘研磨合格。柱塞泵使用寿命的长短，与平时的维护保养，液压油的数量和质量，油液清洁度等有关。避免油液中的颗粒对柱塞泵摩擦副造成磨损等，也是延长柱塞泵寿命的有效途径。在维修中更换零件应尽量使用原厂生产的零件，这些零件有时比其他仿造的零件价格要贵，但质量及稳定性要好，如果购买售价便宜的仿造零件，短期内似乎是节省了费用，但由此也带来了隐患，也可能对柱塞泵的使用造成更大的危害。

　　轴向柱塞泵常见故障现象、产生原因及排除方法见表 2.4。径向柱塞泵结构与轴向柱塞泵相类似，只是柱塞运动方向相对于油泵轴线的空间位置有区别，因此，在柱塞直径相同的情况下，可以参照轴向柱塞泵进行维修处理。

表 2.4　轴向柱塞泵常见故障、产生原因及排除方法

故　　障	产 生 原 因	排 除 方 法
流量不够	（1）油箱液面过低，油管及滤油器堵塞或阻力太大及漏气等。 （2）泵壳内预先没有充好油，留有空气。 （3）液压泵中心弹簧折断，使柱塞回程不够或不能回程，引起缸体和配油盘之间失去密封性能。 （4）配油盘及缸体或柱塞与缸体之间磨损。	（1）检查贮油量，把油加至油标规定线，排除油管堵塞，清洗滤油器，紧固各连接处螺钉，排除漏气。 （2）排除泵内空气。 （3）更换中心弹簧。 （4）清洗去污，研磨配油盘与缸体的接触面，单缸研配，更换柱塞。

续表

故 障	产 生 原 因	排 除 方 法
	（5）对于变量泵有两种可能，如果为低压，可能是油泵内部摩擦等原因，使变量机构不能达到极限位置造成偏角过小所致；如果为高压，可能是调整误差所致。 （6）油温太高或太低	（5）低压时，可调整或重新装配变量活塞及变量头，使之活动自如；高压时，纠正调整误差。 （6）根据温升选用合适的油液或采取降温措施
压力脉动	（1）配油盘与缸体或柱塞与缸体之间磨损，内泄或外漏过大。 （2）对于变量泵可能由于变量机构的偏角太小，使流量过小，内漏相对增大，因此，不能连续对外供油。 （3）伺服活塞与变量活塞运动不协调，出现偶尔或经常性的脉动。 （4）进油管堵塞，阻力大及漏气	（1）磨平配油盘与缸体的接触面，单缸研配，更换柱塞，紧固各连接处螺钉，排除漏损。 （2）适当加大变量机构的偏角，排除内部漏损。 （3）偶尔脉动，多因油脏，可更换新油，经常脉动，可能是配合件研伤或憋劲，应拆下研修。 （4）疏通进油管及清洗进口滤油器，紧固进油管段的连接螺钉
噪声	（1）泵体内留有空气。 （2）油箱油面过低，吸油管堵塞及阻力大，以及漏气等。 （3）泵和电动机不同心，使泵和传动轴受径向力	（1）排除泵内的空气。 （2）按规定加足油液，疏通进油管，清洗滤油器，紧固进油段连接螺钉。 （3）重新调整，使电动机与泵同心
发热	（1）内部泄漏过大。 （2）运动件磨损	（1）修研各密封配合面。 （2）修复或更换磨损件
泄漏	（1）轴承回转密封圈损坏。 （2）各接合处 O 形密封圈损坏。 （3）配油盘与缸体或柱塞与缸体之间磨损（会引起回油管外漏增加，也会引起高低腔之间内漏）。 （4）变量活塞或伺服活塞磨损	（1）检查密封圈及各密封环节，排除内漏。 （2）更换 O 形密封圈。 （3）磨平接触面，配研缸体，单配柱塞。 （4）严重时更换
变量机构失灵	（1）控制管路上的单向阀弹簧折断。 （2）变量头与变量壳体磨损。 （3）伺服活塞、变量活塞及弹簧心轴卡死。 （4）个别管路道堵死	（1）更换弹簧。 （2）配研两者的圆弧配合面。 （3）机械卡死时，用研磨的方法使各运动件灵活；油脏时，更换新油。 （4）疏通管路，更换油液
泵不能转动 （卡死）	（1）柱塞与油缸卡死（可能是油脏或油温变化引起的）。 （2）滑靴因柱塞卡死或因负载大时启动而引起脱落。 （3）柱塞球头折断（原因同上）	（1）油脏时，更换新油，油温太低时，更换黏度较小的油液。 （2）更换或重新装配滑靴。 （3）更换柱塞

思考与练习

（1）柱塞式液压泵有何特点？适用于什么场合？

（2）为什么柱塞泵一般比齿轮泵或叶片泵能达到更高压力？

（3）试述斜盘式柱塞泵的工作原理。

（4）试述柱塞式液压泵的主要检修与维护内容。

任务五 液压泵与液压电动机的选用原则

1. 液压泵的选用

液压泵是液压系统中的动力元件。选用适合执行元件做功要求的液压泵，需充分考虑可靠性、使用寿命、维修性等因素，以便所选的液压泵能在系统中长期可靠运行。

液压泵的种类非常多，其特性也有很大的差别，选择液压泵时主要考虑的因素有工作压力、流量、转速、是否变量、变量方式、容积效率、总效率、寿命、原动机的种类、噪声、压力脉动率、自吸能力等，同时还要考虑与液压油的相容性、尺寸、重量、经济性、维修性等。各类常用液压泵的基本性能比较见表2.5。

表2.5　常用的液压泵性能比较

类型 性能	外啮合 齿轮泵	双作用 叶片泵	限压式 变量叶片泵	径向 柱塞泵	轴向 柱塞泵	螺杆泵
输出压力	低压	中压	中压	高压能	高压	低压
流量调节	不能	不能	能	能	能	能
效率	低	较高	较高	高	高	较高
输出流量脉动	很大	很小	一般	一般	一般	最小
自吸特性	好	较差	较差	差	差	好
对油污染的敏感性	不敏感	较敏感	较敏感	很敏感	很敏感	不敏感
噪声	大	小	较大	大	大	最小

总体来说，选择液压泵的主要原则是满足系统的工况要求，并以此为根据，确定泵的输出流量、工作压力和结构形式。一般情况下，液压泵的额定输出流量应不小于系统所需总流量的2倍，液压泵的额定输出压力应不小于液压系统所需最大压力的1.5倍，液压泵的结构应综合考虑系统对流量脉动要求、使用场合的环境因素（如温度、湿度和灰尘等）和压力稳定性要求等。在满足液压系统所需性能参数的前提下，还需要考虑使用与维修的经济性。

2. 液压泵的使用

使用液压泵主要有以下注意事项。

（1）液压泵启动前，必须保证其壳体内已充满油液，否则，液压泵会很快损坏，有的柱塞泵甚至会立即损坏。

（2）液压泵的吸油口和排油口的过滤器应进行及时清洗，由于污物阻塞会导致泵工作时的噪声大，压力波动严重或输出油量不足，并易使泵出现更严重的故障。

（3）应避免在油温过低或过高的情况下启动液压泵。油温过低时，由于油液黏度大会导致吸油困难，严重时会很快造成泵的损坏。油温过高时，油液黏度下降，不能在金属表面形成正常油膜，使润滑效果降低，泵内的摩擦副发热加剧，严重时会烧结在一起。

（4）液压泵的吸油管不应与系统回油管相连接，避免系统排出的热油未经冷却直接吸入液压泵，使液压泵乃至整个系统油温上升，并导致恶性循环，最终使元件或系统发生故障。

（5）在自吸性能差的液压泵的吸油口设置过滤器，随着污染物和积聚，过滤器的压降会逐渐增加，液压泵的最低吸入压力将得不到保证，会造成液压泵吸油不足，出现振动及噪声，直至损坏液压泵。

（6）对于大功率液压系统，电动机和液压泵的功率都很大，工作流量和压力也很高，会产生较大的机械振动。为防止这种振动直接传到油箱而引起油箱共振，应采用橡胶软管来连接油箱和液压泵的吸油口。

3. 常见故障处理

（1）液压泵输出流量不足或不输出油液　现象有①吸入流量不足。原因是吸油管路上的阻力过大或补油量不足。如泵的转速过大，油箱中液面过低，进油管漏气，滤油器堵塞等。②泄漏流量过大。原因是泵的间隙过大或密封不良。如配油盘被金属碎片、铁屑等划伤，端面漏油；变量机构中的单向阀密封面配合不好，泵体和配油盘的支撑面有砂眼或研痕等。可以通过检查泵体内液压油中混杂的异物判别泵被损坏的部位。③倾斜盘倾角太小，泵的排量少，这需要调节变量活塞，增加斜盘倾角。

（2）中位时排油量不为零　变量式轴向柱塞泵的斜盘倾角为零时称为中位，此时泵的输出流量应为零。但有时会出现中位偏离调整机构中点的现象，在中点时仍有流量输出。其原因是控制器的位置偏离、松动或损伤，需要重新调零、紧固或更换。泵的角度维持力不够、倾斜角耳轴磨损也会产生这种现象。

（3）输出流量波动　输出流量波动与很多因素有关。对变量泵可以认为是由变量机构的控制不佳造成的，如异物进入变量机构，在控制活塞上划出阶痕、磨痕、伤痕等，造成控制活塞运动不稳定。由于放大器能量不足或零件损坏、含有弹簧的控制活塞的阻尼器效能差，都会造成控制活塞运动不稳定。流量不稳定又往往随着压力波动。这类故障一般要拆开液压泵，更换受损零部件，加大阻尼，提高弹簧刚度和控制压力等。

（4）输出压力异常　泵的输出压力是由负载决定的，与输入转矩近似成正比。输出压力异常有两种故障。现象有：①输出压力过低。当泵在自吸状态下，若进油管路漏气或系统中液压缸、单向阀、换向阀等有较大的泄漏，均会使压力升不上去。这需要找出漏气处，紧固、更换密封件，即可提高压力。溢流阀有故障或调整压力低，系统压力也上不去，应重新调整压力或检修溢流阀。如果液压泵的缸体与配流盘产生偏差造成大量泄漏，严重时，缸体可能破裂，则应重新研磨配合面或更换液压泵。②输出压力过高。若回路负载持续上升，泵的压力也持续上升，当属正常。若负载一定，泵的压力超过负载所需压力值，则应检查泵以外的液压元件，如方向阀、压力阀、传动装置和回油管道。若最大压力过高，应调整溢流阀。

（5）振动和噪声　振动和噪声是同时出现的。它们不仅对机器的操作者造成危害，也对环境造成污染。现象有：①机械振动和噪声。如泵轴和电动机轴不同心或顶死，旋转轴的轴承、联轴节损伤，弹性垫破损和装配螺栓松动均会产生噪声。对于高速运转或传输大能量的泵，要定期检查，记录各部件的振幅、频率和噪声。如泵的转动频率与压力阀的固有频率相同时，将会引起共振，可改变泵的转速以消除共振。②管道内液流产生的噪声。进油管道太细、进油滤油器通流能力过小或堵塞、进油管吸入空气、油液黏度过高、油面过低吸油不足和高压管道中产生液击等，均会产生噪声。因此，必须正确设计油箱，正确选择滤油器、油管和方向阀。

（6）液压泵过热　液压泵过度发热有两个原因。一是机械摩擦生热，由于运动表面处于干摩擦或半干摩擦状态，运动部件相互摩擦生热。二是液体摩擦生热，高压油通过各种缝隙泄漏到低压腔，大量的液压能损失转为热能。所以正确选择运动部件之间的间隙、油箱容积和冷却器，可以杜绝泵的过度发热和油温过高的现象。另外，回油过滤器堵塞造成回油泵压过高，也会引起油温过高和泵体过热。

（7）漏油 柱塞泵漏油主要有以下原因：①主轴油封损坏或轴有缺陷、划痕；②内部泄漏过大，造成油封处压力增大，而将油封损伤或冲出；③泄油管过细过长，使密封处漏油；④泵的外接油管松动，管接头损伤，密封垫老化或产生裂纹；⑤变量调节机构螺栓松动，密封破损；⑥铸铁泵壳有砂眼或焊接不良。现在生产柱塞泵的厂家很多，进口件和国产件结构不尽相同，每一台泵都应严格按照其出厂使用说明书使用。在维修泵时，首先应该检查泵在系统中的安装、使用是否得当，便于及时查出损坏原因，消除隐患，保证系统正常工作。已修复的液压泵应通过一定的检测设备检测后才能使用。如果不具备检测条件，也应在系统中反复调试，使其能正常工作。

 思考与练习

（1）液压泵选用的基本原则是什么？

（2）试述液压泵使用的主要注意事项。

（3）液压泵产生振动和噪声的主要原因有哪些？如何避免与消除？

（4）液压泵产生压力波动和流量波动的主要原因有哪些？

项目三　液压缸

┼┼╌┼

任务一　液压缸的结构特点

教学目标

> 熟悉液压缸的基本参数及其工作性能的影响因素。

> 熟悉各种液压缸的结构特征和工作原理。

> 熟悉几种典型液压缸的维修要点。

液压缸是液压系统中的执行元件，它将液压系统的液体压力能转换为机械能，并实现往复直线运动或者摆动运动（摆动液压缸），以便驱动机器的执行部件完成指定的功能。液压缸与液压电动机相比较，具有结构简单、制造与维修方便、相关配件已实现标准化系列化供应，并且与其他机构配合使用可以实现复杂的运动形式，因此，液压缸的应用十分广泛。

一、液压缸的结构

活塞式液压缸的主要部件包括缸盖与缸体组件、进油口与出油口、活塞杆、活塞组件、密封装置、缓冲装置和排气装置等。图 3.1 所示为单杆活塞式液压缸的结构图。各主要组成部分的功能如下所述。

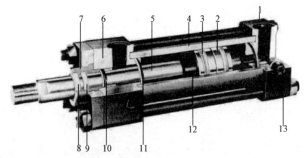

1—进油口或出油口；2—活塞；3—活塞密封件；4—缸筒；5—活塞杆；6—缸盖；

7—防尘罩；8，9—刮环；10—动密封环；11—静密封环；12—缓冲装置；13—排气装置

图 3.1　单杆活塞式液压缸的结构图

1．缸盖与缸体组件

缸盖主要有三大功能，即密封缸体的两端，这种密封属于静密封方式，不承受摩擦阻力；通过密封件密封活塞杆的周围，这种密封属于动密封方式，承受摩擦阻力；另外在缸盖的内侧上还加工有缓冲装置或者排气装置的安装孔，也有把液压缸的进油口和出油口设置在缸盖上。缸盖主要承受轴向方向的作用力。

缸体内孔与活塞形成间隙配合，主要为活塞的运动提供导向，并直接承受液体的压力能。缸筒还作为与机器连接的部件，与机器的机架或工作部件连接。

2．进油口与出油口

通过管道接头与液压系统管路连接，实现系统液压油向液压缸筒内部进入或排除。

3．活塞杆

其一端与活塞连接，以便传递活塞上产生的机械动力和运动；另一端与机器的机架或工作部件连接，将活塞上产生的动力和运动传递给机器的执行部件，完成机器的指定功能；同时活塞杆的运动由缸盖孔来引导，并通过密封件实现活塞杆与缸盖之间的密封，防止油液泄漏出去。

4．活塞组件

通过间隙配合与缸筒内孔连接，并通过密封装置将缸筒内孔隔开为左右两个工作腔；在活塞的两端面上加工有缓冲装置，以防止活塞运动到液压缸的端盖位置时与缸盖产生刚性冲击；活塞杆直接连接在活塞的端面上。

液压缸的油液泄漏方式有两种：一是液压油通过缸盖位置的缝隙，流向液压缸的外部，这种现象称为外漏；二是通过活塞与缸筒内孔之间的缝隙，由油液压力较高一侧的工作腔流向油液压力较低一侧的工作腔，这种现象称为内漏。为了防止液压缸内漏的发生，活塞与缸筒内孔之间采取的密封方式有以下几个。

间隙密封 如图 3.2（a）所示，它是通过活塞与缸筒内孔之间的极小配合间隙来实现缸筒左右两个工作腔的密封，以防止液压油产生内部泄漏。这种情况下，活塞上一般开有 V 型或矩形平衡槽，以便逐步减少泄漏油液的压力，确保密封效果。同时平衡槽还能阻止活塞轴线的偏移，从而有利于保持配合间隙，保证润滑效果，减少活塞与缸壁的磨损，增强间隙密封性能。

金属件密封 如图 3.2（b）所示，也就是采用活塞环进行密封。它像汽车发动机汽缸一样需要保证活塞环与缸筒和活塞之间的"三隙"，即端隙（活塞环安装于缸筒中，活塞环本身的开口间隙）、背隙（活塞环安装于活塞的环槽中活塞环与活塞环槽岸之间的高度差）和侧隙（活塞环安装于活塞环槽中时，活塞环高度方向与活塞环宽度之间的间隙），以及"漏光度"（活塞环安装于缸筒中，活塞环外圆周与缸筒内孔配合间隙）。

橡胶件密封 如图 3.2（c）所示，也就是采用橡胶密封元件对缸筒与活塞之间的缝隙进行密封，具体参考项目四有关内容的介绍。本密封方式应用比较广泛，例如，活塞杆与端盖、端盖与缸筒之间也采用这种密封方式。

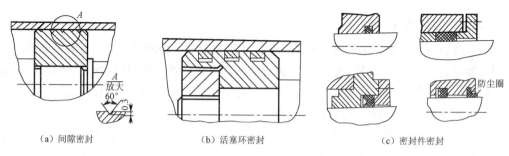

（a）间隙密封　　　　　　（b）活塞环密封　　　　　　　　（c）密封件密封

图 3.2　　活塞与缸筒之间的密封方式

5. 缓冲装置

在液压系统中，当运动速度较高时，由于负载及液压缸活塞杆本身的重量较大，造成运动时的动量很大，因而活塞运动到行程末端时，易与端盖发生很大的冲击。这种冲击不仅会引起液压缸的损坏，而且会引起各类阀、配管及相关机械部件的损坏，具有很大的危害性。所以在大型、高速或高精度的液压装置中，常在液压缸末端设置缓冲装置，使活塞在接近行程末端时，使回油阻力增加，从而减缓运动件的运动速度，避免活塞与液压缸端盖的撞击。

如图 3.3 所示，它是在活塞的两端上加工出凸起形工艺台，在液压缸端盖上加工出凹形承接槽和阻尼孔。当活塞左右运动接近液压缸的端盖时，端盖上的凸台逐渐进入端盖的凹槽，部分油液被凸台和端盖封住，局部油液压力上升，促使活塞运动速度下降，从而使活塞与缸盖的冲击变为柔性冲击，有效保护活塞与缸盖，延长液压缸的使用寿命。

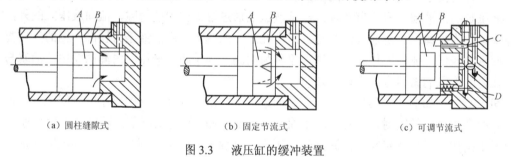

（a）圆柱缝隙式　　　　　　（b）固定节流式　　　　　　　（c）可调节流式

图 3.3　　液压缸的缓冲装置

6. 排气装置

液压系统的油液中会因为各种原因混入空气，导致液压系统工作不稳定，出现振动、爬行和前冲现象，还会导致系统工作时产生噪声，严重时造成系统无法工作，因此液压缸本身必须具有排气功能。部分功率较小的液压缸，是将液压缸的进油口和出油口设置在液压缸的最高处，作为排气装置。对于功率较大的液压缸，应在液压缸最高位置处设置专门的排气阀，以便将液压缸中的空气排出。图 3.4 所示为专门排气装置结构图。

二、液压缸的安装方式

液压缸作为机器的驱动动力源，它的缸筒和活塞

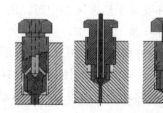

图 3.4　　液压缸的排气装置结构图

杆必须与机器的机架及工作执行部件进行可靠连接。一般情况下，液压缸与机器的连接方式如下所述。

（1）缸体固定在机架上，活塞杆与机器的工作执行部件连接，控制机器的工作执行部件的动作。此时，液压缸的进油口和出油口均可以设置在缸体组件上。如挖掘机挖斗的动作控制。

（2）活塞杆固定在机架上，缸体与机器的工作执行部件连接，控制机器工作执行部件的动作。此时，液压缸的进油口和出油口可以设置在缸体组件上，但因采用软管连接方式；也可以将液压缸的进油口和出油口设置在活塞杆上，这时可以采用金属管连接。如液压式机床工作台的运动控制。

任务二　液压缸的类型

液压缸的分类方法有以下方式。

（1）按照工作方式可以分为单作用式液压缸和双作用式液压缸。

单作用式液压缸　只有一个油口供液压油进出液压缸，液压缸的有效工作腔也只有一个，因此，液压缸的活塞运动只有一个方向是由油液压力控制的。活塞回位依靠弹簧的弹力或者机器执行部件的重力等外力作用来完成。图 3.5 所示为单作用式液压缸的工作原理图。图 3.6 所示为单作用式液压缸的功能符号图。

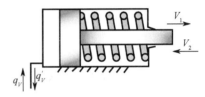

图 3.5　单作用式液压缸的工作原理图

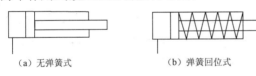 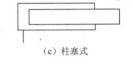

（a）无弹簧式　　　　　　（b）弹簧回位式　　　　　　（c）柱塞式

图 3.6　单作用式液压缸的功能符号图

双作用式液压缸　这种液压缸的活塞将液压缸的缸筒隔开为两个有效工作腔，两个工作腔均有油口供液压油进出，因此，活塞左右运动的运动方式均可以用油液压力进行控制。

（2）按照液压缸的结构可以分为活塞式液压缸、柱塞式液压缸、组合式液压缸（由若干个单作用液压缸按照一定方式组合，每个单作用液压缸承担一部分运动功能）和摆动式液压缸（液压缸的运动部件可以作少于 360° 的反复旋转运动）。

（3）按照活塞杆的数量可以分为单杆活塞式液压缸和双杆活塞式液压缸。

下面以双作用式液压缸为介绍重点。

1. 单杆液压缸

图 3.7（a）所示为单杆液压缸的外观图。这种液压缸的活塞将缸筒隔开为两个工作腔，即左腔和右腔。其中左腔为无杆工作腔，其有效工作面积 A_1 为活塞的横截面积；右腔为有杆工作腔，其有效工作面积 A_2 为活塞的横截面积减去活塞杆的横截面积，如图 3.7（b）所示。基本工作情况是，如果缸体固定，当左腔进油，右腔出油时，活塞在左腔油液压力作用下推动活塞杆向右运动；当右腔进油，左腔出油时，活塞在右腔油液压力作用下推动活塞杆向左运动。图 3.7（c）所示为内部结构剖面图。图 3.8 所示为单杆液压缸的系统图示符号。

（a）外观图

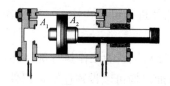
（b）工作原理图

（c）内部剖面图

图 3.7　单杆液压缸

图 3.9 所示为差动连接的单杆液压缸工作原理图，其无杆腔有效工作面积 A_1 是有杆腔有效工作面积 A_2 的 2 倍，这种单杆液压缸可以称为差动液压缸，此时缸筒的内径 D 是活塞杆直径 d 的 $\sqrt{2}$ 倍。液压系统作差动连接时，要求只能是无杆腔进油，有杆腔出油，并且有杆腔的出油管道与无杆腔的进油管道连通。它是利用无杆腔有效工作面积 A_1 大于有杆腔的有效工作面积 A_2，当两腔油液压力相等的情况下（$p_1 = p_2$），无杆腔推力 F_1 大于有杆腔的推力 F_2，从而使活塞向有杆腔一侧移动。

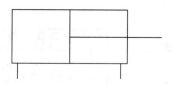

图 3.8　单杆液压缸的系统图标符号

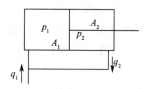

图 3.9　差动连接的单杆液压工作原理图

2．双杆液压缸

图 3.10 所示为双杆液压缸工作原理图。这种液压缸两端的活塞杆直径 d 相等，因此，左右两个工作腔的有效工作面积相同。在工作时，两个工作腔轮流进油，左右两个方向所产生的推力和运动速度相同。图 3.11 所示为双杆液压缸的系统图示符号。

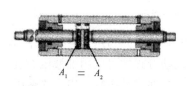

图 3.10　双杆液压缸工作原理图

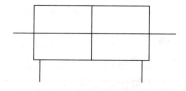

图 3.11　双杆液压缸的系统图示符号

3．其他类型的液压缸

（1）增压缸　增压液压缸又称增压器。在液压系统中，整个系统需要低压，而局部需要高压，为节省一个高压泵，常用增压缸与低压大流量泵配合作用，使输出油压变为高压。这样只有局部是高压，而整个液压系统调整压力较低，因此减少了功率损耗。

如图 3.12 所示的增压缸，当左腔输入压力为 p_1，推动面积为 A_1 的大活塞向右移动时，从面积为 A_2 的小活塞右侧输出压力为 p_2，$p_2 = p_1 \cdot A_1 / A_2$，由此输出压力得到了提高。

（2）伸缩缸　如图 3.13（a）所示，伸缩缸又称多套缸，它是由两个或多个活塞缸套装而成的。这种液压缸在各级活塞依次伸出时可获得很长的行程，而当它们依次缩回后，又能使液压缸轴向尺寸很短，广泛用于起重运输车辆上。

伸缩缸也有单作用和双作用之分，前者靠外力实现回程，后者靠液压力实现回程。

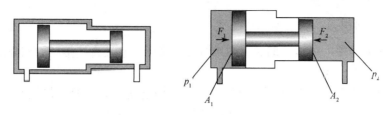

图 3.12　增压缸结构及工作原理图

（3）串联液压缸　如图 3.13（b）所示，当液压缸长度不受限制，但直径受到限制，无法满足输出力的大小要求时，可以采用多个液压缸串联构成的串联液压缸来获得较大的推力输出。

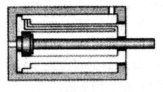

（a）伸缩缸　　　　　　　　　　　　　　　（b）串联液压缸

图 3.13　伸缩缸和串联液压缸结构示意图

（4）摆动液压缸　摆动缸又称回转式液压缸，也称摆动液压电动机。当它通入液压油时，主轴可以输出小于 360° 的往复摆动，常用于夹紧装置、送料装置、转位装置及需要周期性进给的系统中。液压摆动缸和气动摆动缸类似，根据结构主要有叶片式和齿轮齿条式两类。叶片式摆动缸又分为单叶片和双叶片两种；齿轮齿条式又可分为单作用齿轮齿条式、双作用齿轮齿条式和双缸齿轮齿条式等几种。其结构图与实物图如图 3.14 和图 3.15 所示。

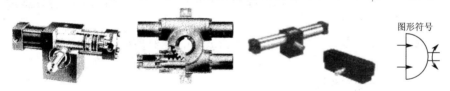

图 3.14　齿轮齿条式摆动缸剖面结构图　　　　图 3.15　摆动缸实物图

任务三　液压缸的主要参数

对于活塞式液压缸，为了安装和选用的方便，需要了解液压油缸的主要技术参数，并对其结构和功能有初步的认识。图 3.16 所示为液压缸参数计算简图。

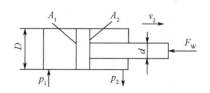

图 3.16　液压缸参数计算简图

1. 油缸直径 D

它是指圆柱形液压缸缸筒内孔的直径。用字母 D 表示，单位是 mm。

2. 活塞杆直径 d

它是指圆柱形液压缸的活塞杆横截面的直径。用字母 d 表示，单位是 mm。

3. 有效工作面积 A

它是以活塞为参考，在活塞的左右两个端面上实际与油液直接接触的部分横截面积。用字母 A 表示，单位是 mm^2。

对于液压缸中的无杆工作腔，其有效工作面积 $A = 2\pi D^2$。也就是指活塞的整个横截面积。

对于液压缸中的有杆工作腔，由于活塞杆所占住的部分活塞面积不与油液接触，因此，有杆工作腔的有效工作面积 $A = 2\pi \cdot (D^2 - d^2)$。

4. 油缸行程 L 和工作台行程 S

油缸行程 L 是指在液压缸中，活塞由一个极限位置运动到另一个极限位置时所扫过的缸筒空腔的轴向距离。用字母 L 表示，单位是 mm。其理论上等于缸筒空腔的长度减去活塞的宽度。

工作台行程 S 是指工作台由一个极限位置运动到另一个极限位置时所走过的直线距离。用字母 S 表示，单位是 mm。工作台行程 S 与油缸行程 L 之间的关系视液压缸的安装方式而定。对于液压缸缸体固定在机架上的安装方式，工作台行程 S 是油缸行程 L 的 3 倍；对于液压缸活塞固定在机架上的安装方式，工作台行程 S 是油缸行程 L 的 2 倍。

5. 油缸工作压力 p

油缸工作压力 p 是指液压缸进油腔和回油腔中油液的压力值，单位是 MPa。对于液压缸进油腔的工作压力 p_1，一般由液压系统来调定，并与液压缸负载 F_W 的大小直接有关。设计计算的时候经常是用试验压力，为了确保液压系统安全稳定运行，对于工作压力低于 $16MPa$ 的液压系统，其安全系数取 1.5，工作压力高于 $16MPa$ 的液压系统，其安全系数取 1.25。回油腔的工作压力 p_2 视液压系统管道和控制阀的安装而定，一般情况下，为了安全起见，建议回油腔油液压力不要为零，也就是建议回油腔与油箱不能直接连通，以免活塞运动到液压缸的端盖位置时与端盖产生冲撞。

液压缸进油腔油液压力 p_1、回油腔油液压力 p_2 和液压缸所受负载 F_W 之间的关系式：

$$p_1 \cdot A_1 = p_2 \cdot A_2 + F_W$$

式中：A_1 是进油腔的有效工作面积；

A_2——回油腔的有效工作面积。

6. 进油流量 q 和工作台的运动速度 v

进油流量 q 是指由液压缸进油口进入液压缸的油液流量，单位是 L/min 或者 mL/min，一般由液压系统提供。但是单杆液压缸作差动连接时，液压缸的回油腔出来的油液也要进入液压缸的进油腔，此时的液压缸进油腔实际进油量等于系统提供的流量 q_1 与液压缸回油腔的回油流量 q_2 之和。

工作台的运动速度 v 是指工作台在液压缸的驱动下作直线移动的平均速率。单位是 m/s。它与液压缸进油流量 q、进油腔有效工作面积 A_1 之间的关系式为

$$q = v \cdot A_1$$

另外还需要注意以下几个参数。

（1）最低启动压力　是指液压缸在无负载状态下的最低工作压力，它是反映液压缸零件制造和装配精度及密封摩擦力大小的综合指标。

（2）最低稳定速度 是指液压缸在满负荷运动时没有爬行现象的最低运动速度，它没有统一指标，承担不同工作的液压缸，对最低稳定速度要求也不相同。

（3）外部泄漏 从液压缸位置向液压系统外部泄漏的流量。

（4）内部泄漏 在液压缸内部由油液压力较高一侧向油液压力较低的一侧泄漏的流量。液压缸内部泄漏会降低容积效率，加剧油液温升，影响液压缸的定位精度，使液压缸不能准确、稳定地停在缸的某一位置，它也因此是液压缸的主要指标之一。

任务四　液压缸的安装调试、维护

1. 液压缸安装调试的要点

（1）排气装置调整。先将缸内工作压力降到 0.5～1MPa，然后使活塞杆往复运动，打开排气塞进行排气。打开的方法是，当活塞到达行程末端，压力升高的瞬间打开排气塞，而在开始返回之前立即关闭。排气塞排气时，可听到"嘘嘘"的气声，随后喷出白浊色的泡沫状油液，空气排尽时喷出的油呈澄清色。可以用肉眼判别排气是否彻底。

（2）缓冲装置调整。在装有可调节缓冲装置的情况下，而活塞又在运动中，应先将节流阀放在流量较小的位置上，然后逐渐调节节流口大小，直到满足要求为止。

（3）液压缸各部位的检查。液压缸除做上述调整工作外，还要检查各个密封件的漏油情况，以及安装连接部件的螺栓有无松动等现象，以防止意外事故的发生。

（4）定期检查。根据液压缸的使用情况，安排定期检查的时间，并做好检查记录。

2. 液压缸安装的注意事项

（1）液压缸的基座必须有足够的刚度，否则加压时缸筒成弓形向上翘，使活塞杆弯曲。

（2）缸的轴向两端不能固定死。由于缸内受液压力和热膨胀等因素的作用，有轴向伸缩。若缸两端固定死，将导致缸各部分变形。拆装液压缸时，严禁用锤敲打缸筒和活塞表面，如果缸孔和活塞表面有损伤，不允许用砂纸打磨，要用细油石精心研磨。导向套与活塞杆间隙要符合要求。

（3）拆装液压缸时，严防损伤活塞杆顶端的螺纹、缸口螺纹和活塞杆表面。更应注意，不能硬性将活塞从缸筒中打出。

3. 液压缸工作时产生牵引力不足或速度下降现象的原因及排除方法

（1）活塞配合间隙过大或密封装置损坏，造成内泄漏。应减小配合间隙，更换密封件。

（2）活塞配合间隙过小，密封过紧，增大运动阻力。应增大配合间隙，调整密封件的松紧度。

（3）活塞杆弯曲，引起剧烈摩擦。应校直活塞杆。

（4）液压缸内油液温升太高、黏度下降，使泄漏增加；或是由于杂质过多，卡死活塞和活塞杆。应采取散热降温等措施，更换油液。

（5）缸筒拉伤，造成内泄漏，应更换缸筒。

（6）由于经常用工作行程的某一段，造成液压缸内径直线性不良（局部有腰鼓形），致使液压缸的高、低压油互通。应镗磨修复液压缸内径，单配活塞。

4．设计液压缸要考虑的问题

（1）保证液压缸往复运动的速度、行程需要的牵引力。

（2）要尽量缩小液压缸的外形尺寸，使结构紧凑。

（3）活塞杆最好受拉不受压，以免产生弯曲变形。

（4）保证每个零件有足够的强度、刚度和耐久性。

（5）尽量避免液压缸受侧向载荷。

（6）长行程液压缸活塞杆伸出时，应尽量避免下垂。

（7）能消除活塞、活塞杆与导轨之间的偏斜。

（8）根据液压缸的工作条件和具体情况，考虑缓冲、排气和防尘措施。

（9）要有可能的密封，防止泄漏。

（10）液压缸不能因温度变化时，受限制而产生挠曲。特别是长液压缸更应注意。

（11）液压缸的结构要素应采用标准系列尺寸，尽量选择经常使用的标准件。

（12）尽量做到成本低，制造容易，维修方便。

5．缸体、活塞和活塞杆的材料

（1）缸体：机床——多数采用高强度铸铁（HT200），当压力超过 8MPa 时，采用无缝钢管。工程机械——多数采用 35 钢和 45 钢无缝钢管。压力高时，可采用 27SiMn 无缝钢管或 45 钢锻造。

（2）活塞：整体式活塞——多数采用 35 钢和 45 钢。装配式活塞——常采用灰铸铁、耐磨铸铁、铝合金等，特殊需要的可在钢活塞坯外面装上青铜、黄铜和尼龙耐磨套。

（3）活塞杆：一般采用 35 钢和 45 钢，当液压缸的冲击振动很大时，可使用 55 钢或 40Cr 等合金材料。

 思考与练习

（1）活塞式、柱塞式和摆动式液压缸各有什么特点？

（2）何谓差动连接？其应用在什么场合？

（3）液压缸常见的密封方法有哪些？

（4）液压缸如何实现排气和缓冲？

（5）下图中有三种结构形式的液压缸，直径分别为 D、d，如进入缸的流量为 q，压力为 p，分析各缸产生的推力、速度大小及运动方向。

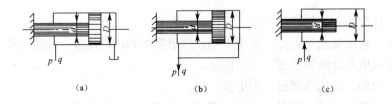

（a）　　　　　　　　　（b）　　　　　　　　　（c）

项目四　液压辅助元件及其选用

任务一　油　箱

教学目标

➤ 熟悉液压泵的基本参数及其工作性能的影响因素。

➤ 熟悉各种液压泵的结构特征和工作原理。

➤ 熟悉几种典型液压泵的维修要点。

了解液压电动机的结构特征和工作原理。

油箱有以下主要作用：①储存液压油，油箱中能够储存的液压油应不少于液压系统全部执行元件所需液压油总和的 3 倍以上，这样才能确保液压油在系统与油箱中有足够的油量进行循环流动，而不至于液压系统工作时，油泵产生吸空现象；②一定的冷却作用，因此，油箱要有足够大的表面积，能够散发油液工作时产生的热量；③油箱还具有沉淀油液中的硬质点颗粒，使渗入油液中的空气逸出，分离水分的作用；④还可以作为液压元件的安装基础等多种功能。图 4.1 所示为油箱的结构示意图。

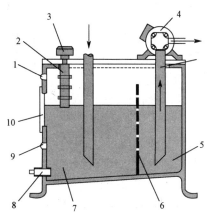

1—最高油位观察窗；2—注油器；3—油箱盖；4—电动机与油泵；5—吸油区；

6—隔板；7—回油区；8—放油塞；9—最低油位观察窗；10—盖板（清洗窗）

图 4.1　油箱结构示意图

　　液压系统中的油箱分类方式如下：按照是否与机器组合分为总体式和分离式两种；按照油箱本身的通气方式分为常压式（通过油箱盖与大气相通）和密闭式（有专门的对油箱进行加压的机构）两种。

　　总体式是利用机器设备机身内腔作为油箱（如压铸机、注塑机等），结构紧凑，各处漏油易于回收，但维修不便，散热条件不好。分离式是设置一个单独油箱，与主机分开，减少了油箱发热和液压源振动对工作精度的影响，因此，得到了广泛的应用，特别是在组合机床、自动线和精密机械设备上大多采用分离式油箱。

　　油箱通常用钢板焊接而成。采用不锈钢板为最好，但成本高，大多数情况下采用镀锌钢板或普通钢板内涂防锈的耐油涂料。

　　油箱主要应具有以下结构特点。

　　（1）油箱应有足够的容量　液压系统工作时，油箱油面应不低于最低油位观察窗的高度，以防液压泵吸空。为了防止系统中的油液全部流回油箱时油液溢出油箱，所以油箱中的油面不能太高，一般不应超过油箱高度的 80%（或者不高于最高油位观察窗的高度）。将油面高度为油箱高度 80%时的容积称为油箱的有效容积。

　　（2）为防止油液被污染，油箱上各盖板、管口处都要妥善密封。注油孔上要加装滤油器，通气孔上装空气器，如图 4.2 所示。空气过滤器的通流量应大于液压泵的流量，以便空气及时补充液位的下降。

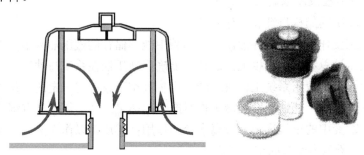

图 4.2　通气孔上的空气器工作原理及实物图

　　（3）为使漏到上盖板上的油液不至于流到地面上，油箱侧壁应高出上盖板 10～15 mm。

　　（4）油箱应有足够的刚度和强度。特别是上盖板上如果要安装电动机、液压泵等装置时，应适当加厚，而且要采取局部加固措施。

　　（5）为了排净存油和清洗油箱，油箱底板应有适当斜度，并在最底部安装放油阀或放油塞。

　　（6）油箱内部应喷涂耐油防锈清漆或与工作油液相容的塑料薄膜，以防生锈。

　　（7）油箱底部应设底脚，便于通风散热和排除箱底油液。

　　（8）吸油管和回油管之间的距离应尽量远。油箱中的吸油管和回油管应分别安装在油箱的两端，以增加油液的循环距离，使其有充分的时间进行冷却和沉淀污物，排出气泡。为此一般在油箱中都设置隔板，使油液迂回流动。

　　（9）为防止吸油时吸入空气和回油时油液冲入油箱时搅动液面形成气泡，吸油管和回油管均应保证在油面最低时仍没入油中。为避免将油箱底部沉淀的杂质吸入泵内和回油对沉淀的杂质造成冲击，油管端距箱底应大于 2 倍管径，距箱壁应大于 3 倍管径。

（10）吸油管与回油管端口应制成 45°斜断面以增大流通截面，降低流速。这样一方面可以减小吸油阻力，避免吸油时流速过快产生气蚀和吸空；另一方面还可以降低回油时引起的冲溅，有利于油液中杂质的沉淀和空气的分离。

（11）箱体侧壁应设置油位指示装置，滤油器的安装位置应便于装拆，油箱内部应便于清洗。

（12）对于系统负载大并且长期连续工作的系统来说，还应考虑系统发热及散热的平衡。油箱正常工作温度应在 15～65℃，如果要安装加热器或冷却器，必须考虑其在油箱中的安装位置。

任务二 油管与油管接头

一、油管的功用和应用

1. 油管

油管的主要作用是连接液压系统各部件，输送液压油至指定位置，并将液压系统的油液流回油箱。油管一般为标准件，管道尺寸是指油管的通径，采用的是英制单位（英寸）。其主要类型和应用见表 4.1。

表 4.1 油管的类型和应用场合

种 类	特点和适用范围
钢 管	价廉、耐油、抗腐、刚性好，但装配时不易弯曲成形。常在装拆方便处用做压力管道。中压以上用无缝钢管，低压用焊接钢管
紫 铜 管	价高、抗振能力差、易使油液氧化，但易弯曲成形，只用于仪表和装配不便处
尼 龙 管	乳白色半透明，可观察流动情况。加热后可任意弯曲成形和扩口，冷却后即定形。承压能力因材料而异，其值为 2.8～8MPa
塑 料 管	耐油、价低、装配方便，长期使用会老化，只用做低于 0.5MPa 的回油管与泄油管
橡 胶 管	用于相对运动间的连接，分高压和低压两种。高压胶管由耐油橡胶夹钢丝编织网（层数越多耐压越高）制成，价高，用于压力回路。低压胶管由耐油橡胶夹帆布制成，用于回油管路

2. 油管的安装要求

（1）管道应尽量短，最好横平竖直，转弯少。为避免管道皱折，减少压力损失，管道装配时的弯曲半径要足够大。管道悬伸较长时要适当设置管夹（也是标准件）。

（2）管道弯曲部位的管道夹角应不小于 90°。以便油液流动顺畅，防止油液在管道弯角部位产生冲击。

（3）管道铺设尽量避免交叉重叠，平行管间距要大于 10mm，以防接触振动并便于安装管接头。

（4）软管直线安装时要有 30%左右的余量，以适应油温变化、受拉和振动的需要。弯曲半径要大于 9 倍软管外径，弯曲处到管接头的距离至少等于 6 倍外径。

 知识链接

管道的弯曲方法　对于壁厚较厚的管道，为了避免弯曲部位产生折皱，可以采用：方法一，将管道弯曲的外圆弧位置用火焰进行加热（内圆弧一侧可以喷水冷却），边加热边弯曲；方法二，填沙法弯曲，就是将管道的一端先堵住，然后将河沙（含土量要少）填入管道并墩实，然后进行弯曲，此时也可以加热管道弯曲的外圆弧。

二、油管接头

油管接头是管道和管道、管道和其他元件（如泵、阀、集成块等）之间的可拆卸连接件。管接头与其他元件之间可采用普通细牙螺纹连接或锥螺纹连接（多用于中低压），图 4.3 所示为常用的硬管接头连接结构图。

1．硬管接头

按管接头和管道的连接方式分，有扩口式管接头、卡套式管接头和焊接式管接头三种。

（1）扩口式管接头　如图 4.3（a）所示，它适用于紫铜管、薄钢管、尼龙管和塑料管等低压管道的连接。拧紧接头螺母，通过管套就可使管子压紧密封。

（2）卡套式管接头　如图 4.3（b）所示，拧紧接头螺母，卡套发生弹性变形便将管子夹紧。它对轴向尺寸要求不严，装拆方便，但对管道连接用管子尺寸精度要求较高，需采用冷拔无缝钢管。可用于高压系统。

（3）焊接式管接头　如图 4.3（c）和 4.3（d）所示，接管与接头体之间的密封方式有球面与锥面接触密封（见图 4.3（c））和平面加 O 形圈密封（见图 4.3（d））两种。前者有自位性，安装时不很严格，但密封可靠性稍差，适用于工作压力不高的液压系统（约 8MPa 以下的系统）；后者可用于高压系统。

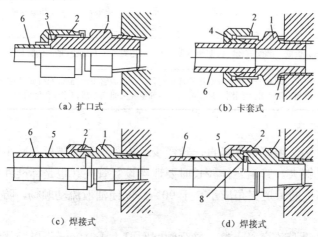

（a）扩口式　　　　　　　　　（b）卡套式

（c）焊接式　　　　　　　　　（d）焊接式

1—接头体；2—接头螺母；3—管套；4—卡套；5—接管；6—管子；

7—组合密封垫圈；8—O 形密封圈

图 4.3　硬管接头

2．软管接头

软管接头有可拆式和扣压式两种，各有 A、B 和 C 三种类型。随管径不同可用于工作压力在 6～40MPa 的系统。图 4.4 所示为 A 型扣压式软管接头，装配时须剥离外胶层，然后在专门设备上扣压而成。

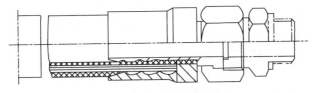

图 4.4 A 型扣压式软管接头

3．快速接头

快速接头的全称为快速装拆管接头，它的装拆无须工具，适用于需经常装拆处。图 4.5 所示为快速接头。需要断开油路时，可用力把外套 6 向左推，再拉出接头体 10，钢球 8（有 6～8 颗）即从接头体 10 的槽中退出；与此同时，单向阀 4、11 的锥形阀芯，分别在弹簧 3、12 的作用下将两个阀口关闭，油路即断开。

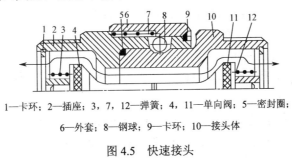

1—卡环；2—插座；3，7，12—弹簧；4，11—单向阀；5—密封圈；

6—外套；8—钢球；9—卡环；10—接头体

图 4.5 快速接头

任务三 油液滤清器

1．滤清器的主要类型及其性能

（1）网式滤清器 图 4.6 所示为网式滤清器，在周围开有很多窗孔的塑料或金属筒形骨架 1 上，包着一层或两层铜丝网 2。过滤精度由网孔大小和层数决定，有 $80\mu m$、$100\mu m$、$180\mu m$ 三个等级。网式滤清器结构简单，清洗方便，通油能力大，但过滤精度低，常用于吸油管路作集滤器，对油液进行粗滤。

（2）线隙式滤清器 图 4.7 所示为线隙式滤清器。它用铜线或铝线密绕在筒形芯架 1 的外部来组成滤芯，并装在壳体 3 内（用于吸油管路上的滤油器无壳体）。油液经线间间隙和芯架槽孔流入滤清器内，再从上部孔道流出。这种滤清器结构简单，通油能力大，过滤效果好，可用做集滤器或回流滤清器，但不易清洗。

（3）金属烧结式滤清器 图 4.8 所示为金属烧结式滤清器。滤芯可按需要制成不同的形状，油液经过金属颗粒间的无规则的微小孔道进入滤芯内。选择不同粒度的粉末烧结成不同厚度的滤芯，可以获得不同的过滤精度（$10～100\mu m$）。烧结式滤清器的过滤精度较高，滤芯的强度高，抗冲击性能好，能在较高温度下工作，有良好的抗腐蚀性，且制造简单，它可用在不同的位置。缺点是易堵塞，难清洗，烧结颗粒使用中可能会脱落，再次造成油液的污染。

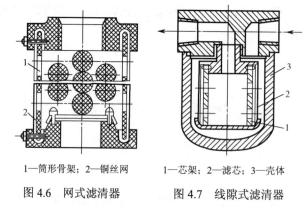

1—筒形骨架；2—铜丝网　　　　1—芯架；2—滤芯；3—壳体

图 4.6　网式滤清器　　　　图 4.7　线隙式滤清器

（4）纸芯式滤清器　纸芯式滤清器又称纸质滤清器，其结构类同于线隙式，只是滤芯为纸质。图 4.9 所示为纸质滤清器的结构，滤芯由三层组成：外层 2 为粗眼钢板网，中层 3 为折叠成星状的滤纸，里层 4 由金属丝网与滤纸折叠组成。这样就提高了滤芯强度，延长了使用寿命。纸质滤清器的过滤精度高（5~30μm），可在高压（38MPa）下工作，它结构紧凑，通油能力大，一般配备壳体后用作压滤器。其缺点是无法清洗，需经常更换滤芯。

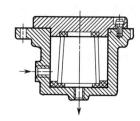

图 4.8　金属粉末烧结式滤清器

　　纸质滤清器的滤芯能承受的压力差较小（0.35MPa），为了保证滤清器能正常工作，不致因杂质逐渐聚积在滤芯上引起压差增大而压破纸芯，故滤清器顶部装有堵塞状态发讯装置。发讯装置与滤清器并联，其工作原理如图 4.10 所示。滤芯进油和出油的压差作用在活塞 2 上，与弹簧 5 的推力相平衡。当滤芯逐渐堵塞时，压差加大，推动活塞 2 和永久磁铁 4 右移，感簧管 6 受磁铁 4 作用吸合，接通电路，报警器 7 发出堵塞信号（发亮或发声），提醒操作人员更换滤芯。电路上若增设延时继电器，还可在发讯一定时间后实现自动停机保护。

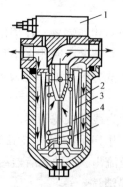

1—堵塞状态发讯装置；2—滤芯外层；

3—滤芯中层；4—滤芯里层；5—支撑弹簧

图 4.9　纸质滤清器

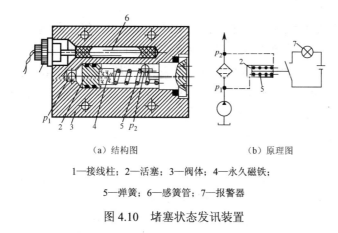

（a）结构图　　　　　（b）原理图

1—接线柱；2—活塞；3—阀体；4—永久磁铁；

5—弹簧；6—感簧管；7—报警器

图 4.10　堵塞状态发讯装置

（5）磁性滤清器　磁性滤清器的工作原理就是利用磁铁吸附油液中的铁质微粒。但一般结构的磁性滤清器对其他污染物不起作用,通常用做回流滤清器。它常被用做复式滤清器的一部分。

（6）复式滤清器　复式滤清器即上述几类滤清器的组合。例如,在图 4.8 所示的滤芯中间,再套入一组磁环即成为磁性烧结式滤清器。复合滤清器性能更为完善,一般设有多种结构原理的堵塞状态发讯装置,有的还设有安全阀。当过滤杂质逐渐将滤芯堵塞时,滤芯进出油口的压力差增大,若超过所调定的发讯压力,发讯装置便会发出堵塞信号。如不及时清洗或更换滤芯,当压力差达到所调定的安全压力时,类似于直动式溢流阀的安全阀便会打开,以保护滤芯免遭损坏。

2. 对滤清器的基本要求和选用

选用滤清器时,应注意以下几点。

（1）有足够的过滤精度　过滤精度是指通过滤芯的最大尖硬颗粒的大小,以其直径 d 的公称尺寸（单位）表示。其颗粒越小,精度越高。精度分粗（$d \geqslant 100\mu m$）、普通（$d \geqslant 10 \sim 100\mu m$）、精（$d \geqslant 5 \sim 10\mu m$）和特精（$d \geqslant 1 \sim 5\mu m$）四个等级。

应该指出,近年来有一种推广使用高精度滤清器的观点。研究表明,液压元件相对运动表面的间隙大多在 $1 \sim 5\mu m$。因而工作中首先是这个尺寸范围内的污染颗粒进入运动间隙,引起磨损,扩大间隙,进而更大颗粒进入,造成表面磨损的一系列反应。因此,若能有效地控制 $1 \sim 5\ \mu m$ 的污染颗粒,则这种系列反应就不会发生。试验和严格的检测证实了这种观点。实践证明,采用高精度滤清器,液压泵和液压电动机的寿命可延长 $4 \sim 10$ 倍,可基本消除阀的污染、卡紧和堵塞故障,并可延长液压油和机器本身的使用寿命。

（2）有足够的过滤能力　过滤能力即一定压降下允许通过滤油器的最大流量。不同类型的滤清器可通过的流量值有一定的限制,需要时可查阅有关样本和手册。

（3）滤芯便于清洗更换。

3. 滤清器的安装位置

（1）安装在泵的吸油路上　这种安装主要用来保护泵不致吸入较大的机械杂质。根据泵的要求,可用粗的或普通精度的滤清器。为了不影响泵的吸油性能,防止发生气穴现象,滤清器的过滤能力应为泵流量的 2 倍以上,压力损失不得超过 $0.01 \sim 0.035MPa$。必要时,泵的吸入口应置于油箱液面以下。

（2）安装在泵的出口油路上　这种安装主要用来滤除可能侵入阀类元件的污染物。一般采用 $10\sim15\mu m$ 过滤精度的滤清器。它应能承受油路上的工作压力和冲击压力，其压力降应小于 0.35 MPa，并应有安全阀或堵塞状态发讯装置，以防泵过载和滤芯损坏。

（3）安装在系统的回油管路上　这种安装可滤去油液流回油箱以前的污染物，为液压泵提供清洁的油液。因回油路压力极低，可采用滤芯强度不高的精滤清器，并允许滤清器有较大的压力降。滤清器也可简单地并联一单向阀作为安全阀，以防堵塞或低温启动时高黏度油液流过滤清器所引起的系统回油压力的升高。

（4）安装在系统的分支油路上　当泵流量较大时，若仍采用上述各种油路过滤，滤清器可能过大。为此可在只有泵流量 20%～30% 的支路上安装一小规格滤清器，对油液起作用。

（5）安装在系统外的过滤回油路上　大型液压传动系统可专设一液压泵和滤清器，滤除油液中的杂质，以保护主系统。滤油车即可供此用。研究表明，在压力和流量波动下，滤清器的功能会大幅度降低。显然，前三种安装都有此影响，而系统外的过滤回路却没有，故过滤效果较好。

安装滤清器时应注意，一般滤清器都只能单向使用，即进出油口不可反用，以利于滤芯清洗和安全。因此，滤清器不要安装在液流方向可能变换的油路上。必要时可增设单向阀和滤清器，以保证双向过滤，作为滤清器的新进展，目前双向滤清器也已问世。

任务四　蓄 能 器

1. 蓄能器的功能

（1）作辅助动力源　工作时间较短的间歇工作系统或一个循环内速度差别很大的系统，在系统不需要大流量时，可以把液压泵输出的多余压力油液储存在液压蓄能器内，到需要时再由液压蓄能器快速释放给系统。这样就可以按液压系统循环周期内平均流量选用液压泵，以减小功率消耗，降低系统温升。图 4.11 所示为一液压机的液压传动系统。当液压缸慢进和保压时，液压泵的部分流量进入液压蓄能器 4 被储存起来，达到设定压力后，卸荷阀 3 打开，液压泵卸荷。当液压缸在快速进退时，液压蓄能器与液压泵一起向液压缸供油。因此，在系统设计时可按平均流量选用较小流量规格的液压泵。

（2）维持系统压力　在液压泵停止向系统提供油液的情况下，液压蓄能器将所存储的压力油液供给系统，补偿系统泄漏或充当应急能源，使系统在一段时间内维持系统压力。

（3）吸收系统脉动，缓和液压冲击　液压蓄能器能吸收系统在液压泵突然启动或停止、液压阀突然关闭或开启、液压缸突然运动或停止时所出现的液压冲击，也能吸收液

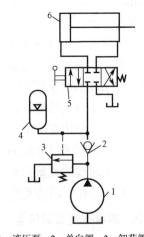

1—液压泵；2—单向阀；3—卸荷阀；

4—液压蓄能器；5—换向阀；6—液压缸

图 4.11　液压蓄能器作辅助动力源
　　　　　的液压传动系统

压泵工作时的压力脉动，大大减小其幅值。

2. 液压蓄能器的结构和性能

液压蓄能器有各种结构形状，如图 4.12 所示。重力式液压蓄能器由于体积庞大、结构笨重、反应迟钝，在液压传动系统中很少应用。在液压传动系统中主要应用有弹簧式和充气式两种。目前常用的是利用气体压缩和膨胀来储存、释放液压能的充气式液压蓄能器。它主要有活塞式和皮囊式两种。

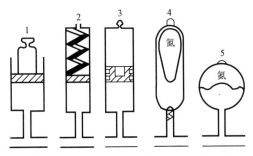

1—重力式；2—弹簧式；3—活塞式；4—皮囊式；5—薄膜式

图 4.12　液压蓄能器

（1）活塞式液压蓄能器　活塞式液压蓄能器中的气体和油液由活塞隔开，其结构如图 4.13 所示。活塞 1 的上部为压缩空气，气体由气阀 3 充入，其下部经油孔 a 通向液压系统。活塞 1 随下部压力油的储存和释放而在缸筒 2 内来回滑动。为防止活塞上下两腔互通而使气液混合，在活塞上装有 O 形密封圈。这种液压蓄能器结构简单、寿命长，它主要用于大容量蓄能器。但因活塞有一定的惯性和因 O 形密封圈的存在有较大的摩擦力，所以反应不够灵敏，因此适用于储存能量。另外，密封件磨损后，会使气液混合，影响系统的工作稳定性。

（2）皮囊式液压蓄能器　皮囊式液压蓄能器中气体和油液由皮囊隔开，其结构如图 4.14 所示。皮囊用耐油橡胶制成，固定在耐高压壳体内的上部。皮囊内充入惰性气体（一般为氮气）。壳体下端的提升阀 A 是一个用弹簧加载的菌形阀。压力油从此通入，并能在油液全部排出时，防止皮囊膨胀挤出油口。这种结构使气液密封可靠，并且其皮囊惯性小，反应灵敏，克服了活塞式液压蓄能器的缺点，因此，它的应用广泛，但工艺性较差。

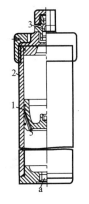
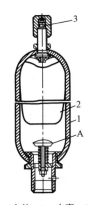

1—活塞；2—缸筒；3—气阀　　　　1—壳体；2—皮囊；3—气阀

图 4.13　活塞式液压蓄能器　　图 4.14　皮囊式液压蓄能器

（3）薄膜式液压蓄能器　薄膜式液压蓄能器利用薄膜的弹性来储存、释放压力能。主要用于小容量的场合，如用做减震器、缓冲器和用于控制油的循环等。

（4）弹簧式液压蓄能器　弹簧式液压蓄能器利用弹簧的压缩和伸长来储存、释放压力能。它的结构简单，反应灵敏，但容量小。可用于小容量、低压（$1MPa < p \leqslant 1.2MPa$）的回路缓冲；不适用于高压或高频的工作场合。

3．蓄能器安装要求

（1）按设计图纸的规定和要求进行安装。

（2）检查连接口螺纹是否有破损、缺扣、活扣等现象，若有异常不准使用。

（3）安装前先将瓶内的气体释放净，不准带气进行搬运或安装。

（4）蓄能器作为缓冲用时，应将蓄能器尽可能垂直安装于靠近产生冲击的装置，油口应向下。

（5）为便于蓄能器的检修和充气，必须在通油口的管道上安装截止阀。

（6）蓄能器上的油管接头和气管接头都要连接牢固、可靠。

任务五　液压指示部件和密封元件

一、液压指示部件

在液压系统中，液压指示部件包括压力表、流量计和温度计。主要用于系统工作监测和故障诊断，可以根据这些仪表的知识状态，初步了解液压系统的基本工作情况的优劣。这里主要介绍压力和流量的测量。

1．压力表

压力表主要用于检测液压系统主干路和部分重要支路的油液压力情况，一般并联于液压油路上，并尽量考虑安装在靠近油泵和液压执行元件等重要部件的附近。压力表有很多种，包括指针式压力表和数字式压力表，管形弹簧压力表是最常用的指针式压力测量仪表。

图 4.15 所示为指针式压力表的实物图，这种压力表是按布尔顿的管形弹簧原理工作的。如图 4.16 所示，其工作原理为弯成 C 形的弹簧管 1 的一端固定，它有一个椭圆的横截面，其中部是空心的。当液压油流入管形弹簧时，整个空心管内就形成了与被测部位油液压力相等的压力。油液对管形弹簧外环 A 有一个向外张开的力，对内环 B 有一个向内收缩的力。由于外环和内环存在面积差，向外张开的力大于向内收缩的力，导致管形弹簧伸张变形。这个变形通过放大机构杠杆2、扇形齿板 3 和齿轮 4，使指针 5 产生偏转。进油节流口 6 进入的油液压力越大，C 形弹簧管 1 的变形越大，杠杆 2 驱动齿轮 4 的偏转角度越大，则指针指示的油液压力值越高。在选用时，对于油液压力波动较大的液压系统，压力表的最大量程应为最高压力的 2 倍，或选用带油阻尼耐振压力表。图 4.17 所示为压力表的系统功能符号图。

图 4.15　指针式压力表实物图

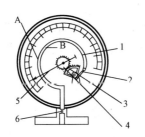

1—C 形弹簧管；2—杠杆；3—扇形齿板；

4—齿轮；5—指针；6—压力表进油节流口

图 4.16　指针式压力表原理图　　　　　图 4.17　功能符号

如果要利用测量仪表的读数进行远程监视或控制，就需要使用电子式压力传感器来进行压力测量。利用电信号可以远距离传送的特点，将压力信号转换为电信号，这样就可以实现远距离的压力指示和监控。

2．流量的测量

如果需要对液压油的流量进行一次性的测量，最简单的方法是借助量筒和秒表来进行测量。为了调节或控制匀速运动的油缸或电动机及控制定位的精确测量，可以采用涡轮流造仪、椭圆计数器、齿轮式测量仪、测量带或定片仪等流量仪。涡轮式流量仪的剖面结构及实物图如图 4.18 所示，其工作原理如图 4.19 所示。

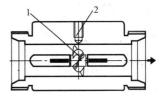

1—涡轮；2—探头

图 4.18　涡轮式流量仪剖面结构及实物图　　　图 4.19　涡轮式流量仪工作原理图

涡轮式流量仪是通过对涡轮转速的测量来间接测出流量的。从涡轮式流量仪流过的油液使轴流涡轮旋转，涡轮用磁性材料制成，通过安装在涡轮上方的探头可以记录一定时间内涡轮叶片转过的次数。根据探头测得的脉冲数可以计算出涡轮的转速。由于油液的流量与涡轮转速成正比，所以测出转速也　　图 4.20　功能符号
就测出了油液的流量。由于探头输出的是电信号，所以利用这种流量计可以实现远程的流量监控。图 4.20 所示为涡轮式流量仪的功能符号图。

二、液压密封元件

1．液压密封元件的类型

液压密封元件的主要功能是利用自身的弹性变形，填补相邻的两金属元件之间的缝隙，以防止液压系统的油液产生泄漏。液压系统中常用的液压密封元件按照材质来分，可以分为金属质（如钢片、铜片、铝片和耐磨铸铁等）、石墨和石棉复合质、橡胶质、纸质、棉（麻）质及密封胶等。它们的应用特点分别如下所述。

金属质密封元件　经常被做成具有规定形状和尺寸的片状（如调整垫片）或环状（如活塞环）等结构。其中调整垫片采用软质金属材料制成，本身既有一定的尺寸稳定性，又有一定的弹性，依靠外力的作用以弥补金属之间的缝隙，达到既调整密封间隙，又实现密封的功能。一般用于需要精确调整两相邻零件之间的密封间隙大小的场合，如液压泵内部运动部件与端盖之间的间隙调整，并密封端盖与泵体之间的缝隙。这种密封方式，一般需要外力进行预紧，以促使调整垫片产生弹性变形，因此，在安装时注意预紧力的大小应符合原来的规定。预紧力过小，无法满足密封要求；预紧力过大，使用时容易产生安全事故。

调整垫片的形状由被密封的部件形状决定，其规格是指调整垫片的厚度。规格有 0.02mm、0.03mm、0.05mm、0.1mm、0.2mm、0.3mm、0.5mm、1.0mm、1.5mm 和 2.0mm 等几种。具体选用时，需要先测量出端盖与运动部件之间的高度差，然后按照垫片厚度＝测得高度差＋目标调整后的规定间隙值，来确定垫片厚度的组合。垫片厚度组合时，垫片数量以 3 片左右为最佳，最多不超过 5 片。

活塞环一般采用耐磨铸铁制造，一般用于圆柱形配合间隙的密封，如液压缸的活塞与缸筒之间的配合间隙的密封。活塞环按照断面形状进行分类，常用断面形状有矩形环、扭曲环（断面有缺口）、腰鼓形环等。活塞环在自由状态时，外径比缸筒直径稍大。安装后依靠活塞环本身的弹性张力压紧在缸筒内壁实现密封。但活塞环安装后应注意检查"三隙"和漏光度应符合规定数值。

石墨和石棉复合质　一般用于高速运动时需要耐磨和耐热的密封场合。

纸质　一般用于两平面间的低压固定密封场合。

棉（麻）质　一般用于螺纹管道接口处的填充密封，现在已被橡胶填料取代。

密封胶　用于固定密封的辅助填充原料，即填充密封间隙的缝隙。

橡胶密封件　属于应用最广泛的密封元件。

（1）在工作压力和一定的温度范围内，应具有良好的密封性能，并随着压力的增加能自动提高密封性能。

（2）密封装置和运动件之间的摩擦力要小，摩擦系数要稳定。

（3）抗腐蚀能力强，不易老化，工作寿命长，耐磨性好，磨损后在一定程度上能自动补偿。

（4）结构简单，使用、维护方便，价格低廉。

2．橡胶密封元件的类型

橡胶密封元件一般是圆环形结构，其分类主要是依据密封元件横截面的形状，可以分为 O 形密封圈、V 形密封圈、U 形密封圈、Y 形密封圈（Y_x 形密封圈）、山形密封圈、蕾形圈、格莱圈和斯特圈等类型。

（1）O 形密封圈　属于挤压密封。O 形密封圈的密封原理如图 4.21 所示。在没有液压力作用时，O 形密封圈（必须）处于预压缩状态（见图 4.21（a））；有液压力作用时，O 形圈被挤到槽的一侧，处于自封状态（见图 4.21（b））。

O 形密封圈用于固定密封时，可承受 100MPa 甚至更高的液体压力，而用于动密封时，可以承受 35MPa 以下的压力。由图 4.21（b）可看出在液压作用力较大，O 形圈有可能被挤入间隙而出现卡阻现象。一般用于动密封时，液压力超过 10MPa。用于静密封时，工作介质压力超过 35MPa 时，应设置挡圈，以延长 O 形密封圈的使用寿命，如图 4.21（c）、（d）所示。

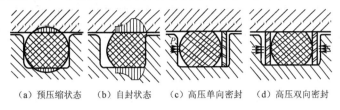

（a）预压缩状态　（b）自封状态　（c）高压单向密封　（d）高压双向密封

图 4.21　O 形密封圈工作原理

O 形密封圈密封性能好、摩擦系数小、安装空间小，它的结构简单，使用方便，广泛用于固定密封和运动密封，其应用最广。O 形密封圈不适于直径大、行程长、速度快的油缸，因为在这样的条件下，容易被拧扭损伤。

（2）Y 形密封圈（Y_x 形密封圈）　Y 形密封圈又称唇形密封圈，它有较显著的自紧作用。无液压时，其唇部与被密封件产生初始接触压力，以保持低压密封，其尾部与轴类零件之间保持一定的间隙，如图 4.22（a）所示。工作中，液压力把 Y 形圈推向左方，消除 Y 形圈与轴的间隙，同时作用于 Y 形圈的谷部而在唇口产生径向压力，使唇口与轴接触压力增加，从而因自紧作用得到良好的密封，如图 4.22（b）所示。

（a）无液压力状态　（b）有液压力状态

图 4.22　Y 形密封圈工作原理图

Y 形圈曾广泛地使用在各种液压缸的活塞上，但由于唇边易磨损翻转，失去密封作用，使得 Yx 形密封应用越来越多。Yx 形密封可以避免翻唇现象，它是在 Y 形圈结构基础上将其中一个唇边减短而设计的，使用时应注意，Yx 形密封圈分为孔用和轴用两种，其中孔用 Yx 密封圈装在轴类零件的（如活塞）沟槽内，而轴用 Yx 密封圈则装在孔类零件（如液压缸的导向套）的沟槽内。

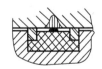

1—橡胶；2—夹织物橡胶

图 4.23　山形密封圈工作原理图

（3）山形密封圈　山形密封圈又称尖顶形密封圈，它有单尖或双尖，其断面形状如图 4.23 所示。山形密封圈的尖顶部外层为夹织物橡胶，内层与固定面接触的部分为纯橡胶，内外层压制硫化成一体，尖顶的作用是减小接触面积，以增大接触压力。内层作为弹性元件，外层夹织物橡胶可以渗透油液，防止干摩擦，从而能延长使用寿命。由于山形圈的截面比鼓形圈小，弹性大，在活塞上只要设一沟槽就可安装，从而可以简化活塞的结构，山形密封圈多用于双伸缩立柱。

任务六　技 能 训 练

以下主要阐述液压管道的安装与系统清洗的要点。

1. 液压配管

（1）管材选择　应根据系统压力及使用场合来选择管材。必须注意管子的强度是否足够，管径和壁厚是否符合图纸要求，所选用的无缝钢管内壁必须光洁、无锈蚀、无氧化皮、无夹皮等缺陷。若发现下列情况不能使用：管子内外壁已严重锈蚀。管体划痕深度为壁厚的 10%以上；管体表面凹入达管径的 20%以上；管断面壁厚不均、椭圆度比较明显等。

中、高压系统配管一般采用无缝钢管，因其具有强度高、价格低、易于实现无泄漏连接等优点，在液压系统中被广泛使用。普通液压系统常采用冷拔低碳钢 10、15、20 号无缝管，此钢号配管时能可靠地与各种标准管件焊接。液压伺服系统及航空液压系统常采用普通不锈钢管，具有耐腐蚀，内、外表面光洁，尺寸精确，但价格较高。低压系统也可采用紫铜管、铝管、尼龙管等管材，因其易弯曲给配管带来了方便，也被一部分低压系统所采用。

2. 管子加工

管子的加工包括切割、打坡口、弯管等内容。管子的加工好坏对管道系统参数影响较大，并关系到液压系统能否可靠运行。因此，必须采用科学、合理的加工方法，才能保证加工质量。

（1）管子的切割　管子的切割原则上采用机械方法切割，如切割机、据床或专用机床等，严禁用手工电焊、氧气切割方法，无条件时允许用手工锯切割。切割后的管子端面与轴向中心线应尽量保持垂直，误差控制在 90°±0.5°。切割后需将锐边倒钝，并清除铁屑。

（2）管子的弯曲　管子的弯曲加工最好在机械或液压弯管机上进行。用弯管机在冷状态下弯管，可避免氧化皮而影响管子质量。如果无冷弯设备时也可采用热弯曲方法，热弯时容易产生变形、管壁减薄及产生氧化皮等现象。热弯前需将管内注实干燥河沙，用木塞封闭管口，用气焊或高频感应加热法对需弯曲部位加热，加热长度取决于管径和弯曲角度。直径为 28mm 的管子弯成 30°、45°、60° 和 90° 时，加热长度分别为 60mm、100mm、120mm 和 160mm；弯曲直径为 34mm、42mm 的管子，加热长度需比上述尺寸分别增加 25～35mm。热弯后的管子需进行清沙并采用化学酸洗方法处理，清除氧化皮。弯曲管子应考虑弯曲半径。当弯曲半径过小时，会导致管路应力集中，降低管路强度。表 4.2 给出了钢管最小弯曲半径。

表 4.2　钢管最小弯曲半径　　　　　　　　　　　　mm

钢管外径 D		14	18	22	28	34	42	50	63	76	89	102
最小弯曲半径 R	冷弯	70	100	135	150	200	250	300	360	450	540	700
	热弯	35	50	65	75	100	130	150	180	230	270	350

3. 管路的敷设

管路敷设前，应认真熟悉配管图，明确各管路排列顺序、间距与走向，在现场对照配管图，确定阀门、接头、法兰及管夹的位置并划线、定位。管夹一般固定在预埋件上，管夹之间距离应适当，过小会造成浪费，过大将发生振动。推荐的管夹距离见表 4.3。

表 4.3　推荐管夹间距　　　　　　　　　　　　mm

管子外径 D	14	18	22	28	34	42	50	63
管夹间最大距离 L	450	500	600	700	800	850	900	1000

管路敷设一般遵循的原则：①大口径的管子或靠近配管支架里侧的管子，应考虑优先敷

设。②管子尽量成水平或垂直两种排列，注意整齐一致，避免管路交叉。③管路敷设位置或管件安装位置应便于管子的连接和检修，管路应靠近设备，便于固定管夹。④敷设一组管线时，在转弯处一般采用90°及45°两种方式。⑤两条平行或交叉管的管壁之间，必须保持一定距离。当管径$\leq\phi42mm$时，最小管壁距离应$\geq35mm$；当管径$\leq\phi75mm$时，最小管壁距离应$\geq45mm$；当管径$\leq\phi127mm$时，最小管壁距离应$\geq55mm$。⑥管子规格不允许小于图纸要求。⑦整个管线要求尽量短，转弯处少，平滑过渡，减少上下弯曲，保证管路的伸缩变形，管路的长度应能保证接头及辅件的自由拆装，又不影响其他管路。⑧管路不允许在有弧度部分内连接或安装法兰。法兰及接头焊接时，须与管子中心线垂直。⑨管路应在最高点设置排气装置。⑩管路敷设后，不应对支撑及固定部件产生除重力之外的力。

4. 管路的焊接

管路的焊接一般分三步进行。①管道在焊接前，必须对管子端部开坡口，当焊缝坡口过小时，会引起管壁未焊透，造成管路焊接强度不够；当坡口过大时，又会引起裂缝、夹渣及焊缝不齐等缺陷。坡口角度应根据国标要求中最利于焊接的种类执行。坡口的加工最好采用坡口机，采用机械切削方法加工坡口既经济，效率又高，操作又简单，还能保证加工质量。②焊接方法的选择是关系到管路施工质量最关键的一环，必须引起高度重视。目前广泛使用氧气—乙炔焰焊接、手工电弧焊接、氩气保护电弧焊接三种，其中最适合液压管路焊接的方法是氩弧焊接，它具有焊口质量好，焊缝表面光滑、美观，没有焊渣，焊口不氧化，焊接效率高等优点。另两种焊接方法易造成焊渣进入管内，或在焊口内壁产生大量氧化铁皮，难以清除。实践证明：一旦造成上述后果，无论如何处理，也很难达到系统清洁度指标。所以不要轻易采用。如果遇工期短、氩弧焊工少时，可考虑采用氩弧焊焊第一层（打底），第二层开始用电焊的方法，这样既保证了质量，又可提高施工效率。③管路焊接后要进行焊缝质量检查。检查项目包括焊缝周围有无裂纹、夹杂物、气孔及过大咬肉等现象；焊道是否整齐、有无错位、内外表面是否突起、外表面在加工过程中有无损伤或削弱管壁强度的部位等。对高压或超高压管路，可对焊缝采用射线检查或超声波检查，以提高管路焊接检查的可靠性。

5. 管道的处理

管路安装完成后要对管道进行酸洗处理。酸洗的目的是通过化学作用将金属管内表面的氧化物及油污去除，使金属表面光滑，以保证管道内壁的清洁。酸洗管道是保证液压系统可靠性的一个关键环节，必须加以重视。

6. 管道酸洗

管道酸洗方法目前在施工中均采用槽式酸洗法和管内循环酸洗法两种。

（1）槽式酸洗法　就是将安装好的管路拆下来，分解后放入酸洗槽内浸泡，处理合格后再将其进行二次安装。此方法较适合管径较大的短管、直管，容易拆卸，管路施工量小的场合，如泵站、阀站等液压装置内的配管及现场配管量小的液压系统，均可采用槽式酸洗法。

（2）管内循环酸洗法在安装好的液压管路中将液压元件断开或拆除，用软管、接管、冲洗盖板连接，构成冲洗回路。用酸泵将酸液打入回路中进行循环酸洗。该酸洗方法是近年来较为先进的施工技术，具有酸洗速度快、效果好、工序简单、操作方便，减少了对人体及环境的污染，降低了劳动强度，缩短了管路安装工期，解决了长管路及复杂管路酸洗难的问题，对槽式酸洗易发生装配时的二次污染问题，从根本上得到了解决。已在大型液压系统管路施工中得到广泛应用。

管道酸洗工艺有无科学、合理的工艺流程及酸洗配方和严格的操作规程，是管道酸洗效果好坏的关键，目前国内外酸洗工艺较多，必须慎重选择、高度重视。管道酸洗配方及工艺不合理会造成管内壁氧化物不能彻底除净、管壁过腐蚀、管道内壁再次锈蚀及管内残留化学反应沉积物等现象的发生。为便于使用，现将实践中筛选出的一组酸洗效果较好的管道酸洗工艺介绍如下。

槽式酸洗工艺流程及配方

① 脱脂　脱脂液配方为（NaOH）＝9%～10%；（Na_3PO_4）＝3%；（$NaHCO_3$）＝1.3%；（Na_2SO4）＝2%；其余为水。操作工艺要求为温度 70～80℃，浸泡 4h。

② 水冲　用压力为 0.8MPa 的洁净水冲干净。

③ 酸洗　酸洗液配方为（HCl）＝13%～14%；[（CH_2）6N_4]＝1%；其余为水。操作工艺要求为常温浸泡 1.5～2h。

④ 水冲　用压力为 0.8MPa 的洁净水冲干净。

⑤ 二次酸洗　酸洗液配方同上。操作工艺要求为常温浸泡 5min。

⑥ 中和　中和液配方为 NH_4OH 稀释至 pH 值在 10～11 的溶液。操作工艺要求为常温浸泡 2min。

⑦ 钝化　钝化液配方为（NaN_2）＝8%～10%；（NH_4OH）＝2%；其余为水。操作工艺要求为常温浸泡 5min。

⑧ 水冲　用压力为 0.8MPa 的净化水冲净为止。

⑨ 快速干燥　用蒸汽、过热蒸汽或热风吹干。

⑩ 封管口　用塑料管堵或多层塑料布捆扎牢固。

如果按以上方法处理的管子，管内清洁、管壁光亮，可保持两个月左右不锈蚀；若保存好，还可以延长时间。

循环酸洗工艺流程及配方

① 试漏　用压力为 1MPa 压缩空气充入试漏。

② 脱脂　脱脂液配方与槽式酸洗工艺中脱脂液配方相同。操作工艺要求为温度 40～50℃连续循环 3h。

③ 气顶　用压力为 0.8MPa 压缩空气将脱脂液顶出。

④ 水冲　用压力为 0.8MPa 的洁净水冲出残液。

⑤ 酸洗　酸洗液配方为（HCl）＝9%～11%；（CH_2）6N_4＝1%；其余为水。操作工艺要求为常温断续循环 50min。

⑥ 中和　中和液配方为（NH_4）OH 稀释至 pH 值在 9～10 的溶液。操作工艺要求为常温连续循环 25min。

⑦ 钝化　钝化液配方为 $NaNO_2$＝10%～14%；其余为水。操作工艺要求为常温断续循环 30min。

⑧ 水冲　用压力为 0.8Mpa、温度为 60℃的净化水连续冲洗 10min。

⑨ 干燥　用过热蒸汽吹干。

⑩ 涂油　用液压泵注入液压油。

（2）循环酸洗注意事项：

① 使用一台酸泵输送几种介质，因此，操作时应特别注意，不能将几种介质混淆（其中包括水），严重时会造成介质浓度降低，甚至造成介质报废。

② 循环酸洗应严格遵守工艺流程、统一指挥。当前一种介质完全排出或用另一种介质顶出时，应及时准确停泵，将回路末端软管从前一种介质槽中移出，放入下一工序的介质槽内。然后启动酸泵，开始计时。

（3）管路的循环冲洗　管路用油进行循环冲洗，是管路施工中又一重要环节。管路循环冲洗必须在管路酸洗和二次安装完毕后的较短时间内进行。其目的是，为了清除管内在酸洗及安装过程中，以及液压元件在制造过程中遗落的机械杂质或其他微粒，达到液压系统正常运行时所需要的清洁度，保证主机设备的可靠运行，延长系统中液压元件的使用寿命。

循环冲洗的方式

冲洗方式较常见的主要有（泵）站内循环冲洗，（泵）站外循环冲洗，管线外循环冲洗等。

① 站内循环冲洗　一般指液压泵站在制造厂加工完成后所需进行的循环冲洗。

② 站外循环冲洗　一般指液压泵站到主机间的管线所需进行的循环冲洗。

③ 管线外循环冲洗　一般指将液压系统的某些管路或集成块，拿到另一处组成回路，进行循环冲洗。冲洗合格后，再装回系统中。

为便于施工，通常采用站外循环冲洗方式。也可根据实际情况将后两种冲洗方式混合使用，达到提高冲洗效果，缩短冲洗周期的目的。

（4）冲洗回路的选定　泵外循环冲洗回路可分两种类型。一类为串联式冲洗回路。其优点是回路连接简便、方便检查、效果可靠；缺点是回路长度较长。另一类为并联式冲洗回路。其优点是循环冲洗距离较短、管路口径相近、容易掌握、效果较好；缺点是回路连接烦琐，不易检查确定每一条管路的冲洗效果，冲洗泵源较大。为克服并联式冲洗回路的缺点，也可在原回路的基础上变为串联式冲洗回路。但要求串联的管径相近，否则将影响冲洗效果。

（5）循环冲洗主要工艺流程及参数。

① 冲洗流量　视管径大小、回路形式进行计算，保证管路中油流成紊流状态，管内油流的流速应在 3m/s 以上。

② 冲洗压力　冲洗时，压力为 0.3～0.5MPa，每间隔 2h 升压一次，压力为 1.5～2MPa，运行 15～30min，再恢复低压冲洗状态，从而加强冲洗效果。

③ 冲洗温度　用加热器将油箱内油温加热至 40～60℃，冬季施工油温可提高到 80℃，通过提高冲洗温度能够缩短循环冲洗时间。

④ 振动　为彻底清除黏附在管壁上的氧化铁皮、焊接和杂质，在冲洗过程中每间隔 3～4h 用木锤、铜锤、橡胶锤或使用振动器沿管线从头至尾进行一次敲打振动。重点敲打焊口、法兰、变径、弯头及三通等部位。敲打时要环绕管四周均匀敲打，不得伤害管子外表面。振动器的频率为 50～60Hz、振幅为 1.5～3mm 为宜。

⑤ 充气　为了进一步加强冲洗效果，可向管内充入 0.4～0.5MPa 的压缩空气，造成管内冲洗油的湍流，充分搅起杂质，增强冲洗效果。每班可充气两次，每次 8～10min。气体压缩

机空气出口处要装精度较高的过滤器。

循环冲洗注意事项。

① 冲洗工作应在管路酸洗后 2～3 星期内尽快进行，以防止造成管内新的锈蚀，影响施工质量。冲洗合格后应立即注入合格的工作油液，每 3 天需启动设备进行循环，以防止管道锈蚀。

② 循环冲洗要连续进行，要三班连续作业，无特殊原因不得停止。

③ 冲洗回路组成后，冲洗泵源应接在管径较粗一端的回路上，从总回油管向压力油管方向冲洗，使管内杂物能顺利冲出。

④ 自制的冲洗油箱应清洁并尽量密封，并设有空气过滤装置，油箱容量应大于液压泵流量的 5 倍。向油箱注油时应采用滤油小车对油液进行过滤。

⑤ 冲洗管路的油液在回油箱之前需进行过滤，大规格管路式回油过滤器的滤芯精度可在不同冲洗阶段根据油液清洁情况进行更换，可在 100μm，50μm，20μm，10μm，5μm 等滤芯规格中选择。

⑥ 冲洗用油一般选黏度较低的 10 号机械油。如果管道处理较好，一般普通液压系统，也可使用工作油进行循环冲洗。对于使用特殊的磷酸酯、水乙二醇、乳化液等工作介质的系统，选择冲洗油要慎重，必须证明冲洗油与工作油不发生化学反应后方可使用。实践证明：采用乳化液为介质的系统，可用 10 号机械油进行冲洗。禁止使用煤油之类的对管路有害的油品做冲洗液。

⑦ 冲洗取样应在回油滤油器的上游取样检查。取样时间：冲洗开始阶段，杂质较多，可 6～8h 一次；当油的精度等级接近要求时可每 2～4h 取样一次。

液压系统工作介质的清洁度或称污染度达到什么等级时可以使用，应有统一的标准。

 思考与练习

（1）油箱的主要作用是什么？设计油箱结构时应注意哪些主要事项？

（2）液压管道有哪些主要类型？敷设安装时有哪些基本要求？

（3）油管接头有哪些主要类型？各自适用于什么场合？

（4）油液滤清器的主要功用是什么？安装时有什么基本要求？

（5）液压指示装置主要有哪些？安装时应注意什么？

（6）液压储能器的作用是什么？安装时应注意什么？

（7）液压管道弯曲时应注意什么？

（8）液压密封件有哪些主要类型？各适用于什么场合？

（9）橡胶密封件在检修安装时有哪些基本要求？

（10）金属管道焊接时应注意哪些事项？

（11）试述管道循环酸洗工艺流程和注意事项。

项目五　方向控制阀与方向控制回路

任务一　单　向　阀

教学目标

➢ 熟悉单向阀的基本结构及其应用。

➢ 熟悉各种液压泵的结构特征和工作原理。

➢ 熟悉几种典型液压泵的维修要点。

➢ 了解液压电动机的结构特征和工作原理。

一、单向阀的结构类型与工作原理

单向阀的主要作用是控制液压系统管道中的液压油的流动方向，使管道中的油液只能单方向流动。根据单向阀的工作原理可以分为直动式单向阀（普通单向阀）和液控单向阀两种。

1. 普通单向阀

普通单向阀按照其进出油口之间的位置关系可以分为直通式和直角式两种。图 5.1 所示为直通式普通单向阀的外形图工作原理图及功能符号。压力油从阀体左端的进油口 P_1 流入时，克服弹簧 3 作用在阀芯 2 上的力，使阀芯向右移动，打开阀口，并通过阀芯 2 上的径向孔 a、轴向孔 b 从阀体右端的出油口流出。但是压力油从阀体右端的通口 P_2 流入时，它和弹簧力一起使阀芯锥面压紧在阀座上，使阀口关闭，油液无法通过。图 5.2 所示为直角式普通单向阀的外形图。

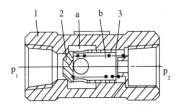

（a）外形图　　　　　（b）工作原理图　　　　　（c）功能符号

1—阀体；2—阀芯；3—回位弹簧

图 5.1　直通式普通单向阀

普通单向阀阀口的打开是依靠液压系统管道中油液的压力来实现的，而阀口的关闭可以是弹簧的弹力或阀芯本身的惯性力，并保证阀芯可靠地落在阀座上，保证液压系统管道中的油液只能沿一个方向流动，不允许油液反向倒流。

图 5.2　直角式单向阀

2. 液控单向阀

图 5.3（a）所示为液控单向阀的外形图；图 5.3（b）所示为液控单向阀的工作原理图。当控制口 K 处无压力油通入时，它的工作机制和普通单向阀有所区别；外接控制油口没有压力油进入时，系统油液只能从通口 P_1 流向通口 P_2，不能反向倒流。当控制口 K 有控制压力油时，因控制活塞 1 右侧 a 腔通泄油口，活塞 1 右移，推动顶杆 2 顶开阀芯 3，使通口 P_1 和 P_2 接通，油液就可在两个方向自由通流。图 5.3（c）所示为液控单向阀的功能符号。

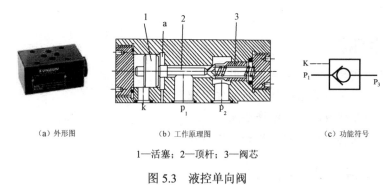

（a）外形图　　　　　（b）工作原理图　　　　　（c）功能符号

1—活塞；2—顶杆；3—阀芯

图 5.3　液控单向阀

二、单向阀的应用

1. 单向阀应用场合

（1）保持压力　滑阀式换向阀都有间隙泄漏现象，只能短时间保压。当有保压要求时，可在油路上加一个液控单向阀，利用锥阀关闭的严密性，使油路长时间保压。

（2）液压缸的"支撑"　在立式液压缸中，由于滑阀和管的泄漏，在活塞和活塞杆的重力下，可能引起活塞和活塞杆下滑。将液控单向阀接于液压缸下腔的油路，则可防止液压缸活塞和滑块等活动部分下滑。

（3）实现液压缸锁紧　当换向阀处于中位时，两个液控单向阀关闭，可严密封闭液压缸两腔的油液，这时活塞就不能因外力作用而产生移动。

（4）大流量排油　对于采用单杆液压缸的系统，液压缸两腔的有效工作面积相差很大。在活塞退回时，液压缸右腔排油量骤然增大，此时若采用小流量的滑阀，会产生节流作用，限制活塞的后退速度；若加设液控单向阀，在液压缸活塞后退时，控制压力油将液控单向阀打开，便可以顺利地将右腔油液排出。

（5）作充油阀　立式液压缸的活塞在高速下降过程中，因高压油和自重的作用，致使下降迅速，产生吸空和负压，必须增设补油装置。单向阀作为充油阀使用，以完成补油功能。

（6）组合成换向阀　在设计液压回路时，有时可将液控单向阀组合成换向阀使用。例如，用两个液控单向阀和一个单向阀并联（单向阀居中），则相当于一个三位三通换向阀的换向回路。需要指出，控制压力油油口不工作时，应使其通回油箱，否则控制活塞难以复位，单向阀反向不能截止液流。

2．液控单向阀使用注意事项

现场实践证明，液控单向阀在使用维修过程中容易出现问题，以下是注意事项。

（1）必须保证液控单向阀有足够的控制压力，绝对不允许控制压力失效。应注意控制压力是否满足反向开启的要求。如果液控单向阀的控制引自主系统时，则要分析主系统压力的变化对控制油路压力的影响，以免出现液控单向阀的误动作。

（2）根据液控单向阀在液压系统中的位置或反向出油腔后的液流阻力（背压）大小，合理选择液控单向阀的结构（简式或复式）及泄油方式（内泄或外泄）。对于内泄式液控单向阀来说，当反向油出口压力超过一定值时，液控部分将失去控制作用，故内泄式液控单向阀一般用于反向出油腔无背压或背压较小的场合；而外泄式液控单向阀可用于反向出油腔背压较高的场合，以降低最小的控制压力，节省控制功率。如图 5.3 所示系统若采用内卸式，则柱塞缸将继续下降发出振动和噪声。

（3）用两个液控单向阀或一个双液控单向阀实现液压缸锁紧的液压系统中，应注意选用 Y 形或 H 形中位机能的换向阀，以保证中位时液控单向阀控制口的压力能立即释放，单向阀立即关闭，活塞停止。假如采用 O 形或 M 形机能，在换向阀换至中位时，由于液控单向阀的控制腔压力油被闭死，液控单向阀的控制油路仍存在压力，使液控单向阀仍处于开启状态，而不能使其立即关闭，活塞也就不能立即停止，产生窜动现象。直至由换向阀的内泄漏使控制腔泄压后，液控单向阀才能关闭，影响其锁紧精度。但选用 H 形中位机能应非常慎重，因为当液压泵大流量流经排油管时，若遇到排油管道细长或局部阻塞或其他原因而引起局部摩擦阻力（如装有低压滤油器或管接头多等），可能使控制活塞所受的控制压力较高，致使液控单向阀无法关闭而使液压缸发生误动作。Y 形中位机能就不会形成这种结果。

（4）工作时的流量应与阀的额定流量相匹配。

（5）安装时，不要混淆主油口、控制油口和泄油口，并认清主油口的正、反方向，以免影响液压系统的正常工作。

（6）带有卸荷阀芯的液控单向阀只适用于反向油流是一个封闭容腔的情况，如液压缸的一个腔或蓄能器等。这个封闭容腔的压力只需释放很少的一点流量，即可将压力卸掉。反向油流一般不与一个连续供油的液压源相通。这是因为卸荷阀芯打开时通流面积很小油速很高，压力损失很大，再加上这时液压源不断供油，将会导致反向压力降不下来，需要很大的液控压力才能使液控单向阀主阀芯打开。如果这时控制管道的油压较小，就会出现打不开液控单向阀的故障。

（7）液压平衡系统中，液控单向阀不能单独用于平衡回路，否则活塞下降时，由于运动部件的自重使活塞的下降速度超过了由进油量设定的速度，致使缸上腔出现真空，液控单向阀的控制油压过低，单向阀关闭，活塞运动停止，直至液压缸上腔压力重新建立起来后，单向阀又被打开，活塞又开始下降。如此重复即产生爬行或抖动现象，出现振动和噪声。在无杆腔油口与液控单向阀之间串联一单向节流阀，系统构成了回油节流调速回路。这样既不致因活塞的自重而下降过速，又保证了油路有足够的压力，使液控单向阀保持开启状态，活塞平稳下降。换向阀应采用 H 或 Y 形机能，若采用 M 形机能（或 O 形机能），则由于液控单向阀控制油不能得到及时卸压，将回路锁紧，使工作机构出现停位不准，产生窜动现象。

三、技能训练

1．单向阀的施工、安装要点

（1）安装位置、高度、进出口方向必须符合设计要求，注意介质流动的方向应与阀体所标箭头方向一致，连接应牢固紧密。

（2）阀门安装前必须进行外观检查，阀门的铭牌应符合现行国家标准《通用阀门标志》GB 12220 的规定。对于工作压力大于 1.0 MPa 及在主干管上起到切断作用的阀门，安装前应进行强度和严密性能试验，合格后方准使用。强度试验时，试验压力为公称压力的 1.5 倍，持续时间不少于 5min，阀门壳体、填料无渗漏为合格。严密性试验时，试验压力为公称压力的 1.1 倍；试验持续的时间符合 GB 50243 的要求。

（3）在管线中不要使止回阀承受重量，大型的单向阀应独立支撑，使之不受管系产生的压力的影响。

2．单向阀故障分析及处理（见表 5.1）

表 5.1　液控单向阀常见故障及处理

故障现象		原因分析	消除方法
（一）反方向不密封有泄漏	单向阀不密封	（1）单向阀在全开位置上卡死。 ① 阀芯与阀孔配合过紧。 ② 弹簧侧弯、变形、太弱	（1）修配，使阀芯移动灵活。 （2）更换弹簧
		（2）单向阀锥面与阀座锥面接触不均匀。 ① 阀芯锥面与阀座同轴度差。 ② 阀芯外径与锥面不同心。 ③ 阀座外径与锥面不同心。 ④ 油液过脏	（1）检修或更换。 （2）过滤油液或更换
（二）反向打不开	单向阀打不开	（1）控制压力过低。 （2）控制管路接头漏油严重或管路弯曲，被压扁使油不畅通。 （3）控制阀芯卡死（如加工精度低，油液过脏）。 （4）控制阀端盖处漏油。 （5）单向阀卡死（如弹簧弯曲；单向阀加工精度低；油液过脏）	（1）提高控制压力，使之达到要求值。 （2）紧固接头，消除漏油或更换管子。 （3）清洗，修配，使阀芯移动灵活。 （4）紧固端盖螺钉，并保证拧紧力矩均匀。 （5）清洗，修配，使阀芯移动灵活；更换弹簧；过滤或更换油液

 思考与练习

（1）液压单向阀的功用是什么？安装位置有何要求？

（2）试述液压单向阀的应用。

（3）简述液控单向阀的使用注意事项。

任务二　换　向　阀

一、换向阀的类型与图形符号

换向阀利用阀芯相对于阀体的相对运动，使油路接通或关断，或变换液压油流动的方向，从而使液压执行元件启动、停止或变换运动方向。

1. 对换向阀的主要要求

换向阀应满足以下几个方面。

（1）油液流经换向阀时的压力损失要小。

（2）互不相通的油口间的泄露要小。

（3）换向要平稳、迅速且可靠。

2. 换向阀的分类

换向阀按照阀芯与阀体之间的运动方式分为转阀和滑阀；按照阀芯的控制方式分为手动、机动、液压控制、电磁控制、电液联合控制和液压先导式等；按照阀芯在阀体中的工作位置数量分为二位、三位和多位等；按照换向阀上进出油口的数量（不包括液控换向阀的控制油口）分为二通、三通、四通和多通等。

（1）转阀　转阀的阀芯与阀体之间通过相对转动，来改变换向阀进出油口的通断关系，接通或者断开与换向阀油口连接的液压系统油路，使油液流动方向和流动状态发生改变，从而控制液压系统执行元件的启动、停止或运动方向改变。

图 5.4（a）所示为三位四通转动换向阀，其中 P 口为进油口，与液压泵的供油油路连接；T 口为回油口，与液压系统回油油路连接；A、B 两个油口分别与液压执行元件的进出油口连接（所有换向阀的油口与油路的连接方式均是如此）。当换向阀置于中位时（对应图上的"止"位），换向阀的所有油口均不连通，液压系统执行元件的左右两腔进出油路均被关断，执行元件停止不动；当转阀手柄置于左位时，阀芯转至左位，此时换向阀的 P 口与 A 口连通，T 口与 B 口连通；当转阀手柄置于右位时，阀芯转至右位，此时换向阀的 P 口与 B 口连通，T 口与 A 口连通。由于换向阀阀芯工作于左位和右位时，换向阀本身的油口连通关系发生了改变，结合换向阀油口外接油路的连接情况，使液压系统执行元件左右两腔进油和出油情况发生变化，执行元件的运动方向也就跟随改变，实现液压系统执行元件运动方向的控制。图 5.4（b）所示为转阀的功能符号图。

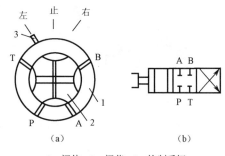

1—阀体；2—阀芯；3—控制手柄

图 5.4　转动换向阀

（2）滑阀　滑阀的阀芯与阀体之间通过相对转动，来改变换向阀进出油口的通断关系，接通或者断开与换向阀油口连接的液压系统油路，使油液流动方向和流动状态发生改变，从而控制液压系统执行元件的启动、停止或运动方向改变。

　　一般滑阀的阀芯和阀体承孔之间都存在着很小的间隙，当间隙均匀且充满油液时，阀芯运动只要克服摩擦力和弹簧力（如果有的话）即可，操作力是很小的。但由于间隙的存在，在高压时会造成油液的泄漏加剧，严重影响系统性能，所以，滑阀式结构的液压控制阀不适合用于高压系统。

　　滑阀的阀芯有时会出现阀芯移动困难或无法移动的现象，称为液压卡紧现象。引起液压卡紧的原因一般有以下几点。

　　① 脏物卡入阀芯与阀套的间隙。

　　② 间隙过小，油温升高时造成阀芯膨胀而卡死。

　　③ 滑阀副几何形状误差和同轴度变化，引起径向不平衡液压力。

二、换向阀的控制方式及应用

1. 液压换向阀的操纵方式和结构

　　如图 5.5 所示功能符号，液压换向阀常用的基本操纵方式主要有手动、机动、电磁动、液动和电液动。

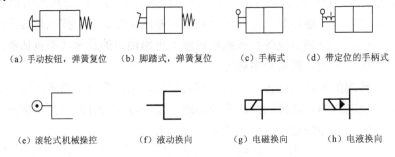

(a) 手动按钮，弹簧复位　　(b) 脚踏式，弹簧复位　　(c) 手柄式　　(d) 带定位的手柄式

(e) 滚轮式机械操控　　(f) 液动换向　　(g) 电磁换向　　(h) 电液换向

图 5.5　液压换向阀操控方式的表示方法

　　（1）手动换向阀　图 5.6 所示为二位二通手动换向阀的结构示意图，它利用手动杠杆来改变阀芯位置而实现 P 口和 A 口之间的通断控制，实现液压系统执行元件的启动与停止控制。

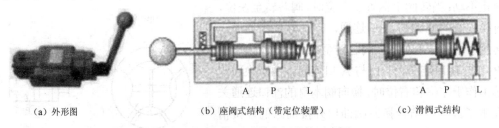

(a) 外形图　　　　(b) 座阀式结构（带定位装置）　　　(c) 滑阀式结构

图 5.6　二位二通手动换向阀结构示意图

　　在图 5.6 中可以看到换向阀弹簧腔设有泄油口 L，其作用是将阀右侧泄漏进入弹簧腔的油液排回油箱。如果弹簧腔的油液不能及时排出，不仅会影响换向阀的换向操作，积聚到一定程度还会自动推动阀芯移动，使设备产生错误动作而造成事故。在机床夹具、油压机和起重机等不需要自动换向的场合，常常采用手动换向阀来进行换向。

　　（2）机动换向阀　机动换向阀和气动系统中的机械控制换向阀一样，借助于安装在工作台上的挡铁或凸轮来迫使阀芯移动，从而达到改换油液流向或通断的目的。机动换向阀主要用来检测和控制机械运动部件的行程，所以又称行程阀。其中二位二通行程阀与电气行程开关类似，分为常开式（阀的进出油口先是连通的，与挡铁相撞后，进出油口被关断）和常闭式（阀的进出油口先是关断的，与挡铁相撞后，进出油口被连通）两种。

（3）液动换向阀　液动换向阀是利用外接控制油路的压力来改变阀芯位置的换向阀，其工作原理和气动系统中的气压控制换向阀相似。液动换向阀如果换向过快会造成压力冲击，这时可以如图 5.7 所示通过在其液控口设置单向节流阀来降低其切换速度。

图 5.7　设置单向节流阀的液动换向阀

（4）电磁换向阀　液压电磁换向阀和气动系统中的电磁换向阀一样也是利用电磁线圈的通电吸合与断电释放，直接推动阀芯运动来控制液流方向的。电磁换向阀结构如图 5.8 所示。电磁换向阀按电磁铁使用的电源不同可分交流型、直流型和本整型（本机整流型）电磁换向阀。交流式启动力大，不需要专门的电源，吸合、释放快速，但在电源电压下降 15% 以上时，吸力会明显下降，影响工作可靠性；直流式（一般工作电压为 24V 或 12V）工作可靠，冲击小，允许的切换频率高，体积小，寿命长，但需要专门的直流电源；本机整流型本身自带整流器，可将通入的交流电转换为直流电再供给直流电磁铁。

电磁换向阀按衔铁工作腔是否有油液还可以分为干式和湿式两种。干式电磁铁寿命短，易发热，易泄漏，所以目前大多采用湿式电磁铁。

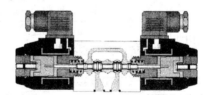

　（a）电磁换向阀外形图　　　　（b）电磁换向阀的结构示意图

图 5.8　电磁换向阀结构

（5）电液换向阀　在大中型液压设备中，当通过换向阀的流量较大时，作用在换向阀芯上的摩擦力和液压力就比较大，直接用电磁铁来推动阀芯移动会比较困难甚至无法实现，这时可以用电液换向阀来代替电磁换向阀。电液换向阀由小型电磁换向阀（先导阀）和大型液动换向阀（主阀）两部分组合而成。电磁阀起先导作用，它利用电信号控制先导阀的阀芯工作位置，达到改变主阀阀芯两端控制液流方向的目的，控制液流再去推动液动主阀阀芯改变工作位置实现换向。

由于电磁先导阀本身不需要通过很大的流量，所以比较容易实现电磁换向。而先导阀输出的液压油则可以产生很大的液压推力来推动主阀换向。所以，液动主阀可以有很大的阀芯尺寸，允许通过较大的流量，这样就实现了用较小的电磁铁来控制较大的液流的目的。它的工作原理和气动系统中的先导式电磁换向阀类似。电液换向阀的结构如图 5.9 所示。

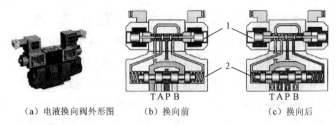

（a）电液换向阀外形图　　（b）换向前　　　　　（c）换向后

1—电磁先导阀；2—液动主阀

图 5.9　电液换向阀结构

电磁换向阀和电液换向阀都是电气系统与液压系统之间的信号转换元件。它们能直接利用按钮开关、行程开关、接近开关、压力开关等电气元件发出的电信号实现液压系统的各种操作及对执行元件的动作控制，是液压系统中最重要的控制元件。

三、三位四通换向阀的滑阀机能及其应用

液压系统中所用的三位换向阀，当阀芯处于中间位置时各油口的连通情况称为换向阀的中位机能（又称滑阀机能）。不同的中位机能，可以满足液压系统的不同要求，在设计液压回路时应根据不同的中位机能所具有的特性来选择换向阀。常用三位换向阀的中位机能见表 5.2。

表 5.2　换向阀的中位机能

滑阀机能	功能符号	中位油口状况、特点及应用
O 形		P、A、B、T 四个油口全部封闭，液压泵不卸荷，液压缸闭锁；可用于多个换向阀的并联工作
H 形		四个油口全部连通，液压缸活塞处于浮动状态，在外力作用下可以移动，液压泵卸荷
Y 形		P 口封闭，A、B、T 三个油口连通，液压缸活塞浮动，在外力作用下可以移动；液压泵不卸荷
K 形		P、A、T 三个油口连通，B 口封闭，液压缸的活塞处于单向闭锁状态；液压泵卸荷
M 形		P、T 两油口直接连通，A、B 两油口封闭；液压缸活塞可以在任何位置闭锁；液压泵卸荷；可用于多个 M 型阀并联使用
X 形		四个油口处于半开启状态，液压泵基本上卸荷，但仍然保持一定压力
P 形		P、A、B 三个油口连通，T 口封闭，液压泵与液压缸左右两腔相通，可以组成差动连接回路
J 形		P、A 油口封闭，B、T 油口连通，活塞停止，在外力作用下可以向一边移动；液压泵不能卸荷
C 形		P、A 油口连通，B、T 油口封闭；活塞处于停止状态
N 形		P、B 油口封闭，A、T 油口连通；与 J 型换向阀机能相似，只是 A、B 互换通油关系，功能也相似
U 形		P、T 油口封闭，A、B 油口连通；活塞处于浮动状态，在外力作用下可以移动；液压泵不能卸荷

对于三位四通换向阀，一般情况下当阀芯工作于左位时，其 P 口与 A 口连通，T 口与 B 口连通；当转阀手柄置于右位时，阀芯转至右位，此时换向阀的 P 口与 B 口连通，T 口与 A 口连通。因此，三位四通换向阀在液压系统中的功能主要取决于其中位机能。三位四通换向阀常见的中位机能、型号、符号及其特点见表 5.2。三位五通换向阀的情况与此相仿。不同的中位机能是通过改变阀芯的形状和尺寸得到的。

在分析和选择阀的中位机能时，通常考虑以下几点。

① 系统保压。当 P 口被堵塞，系统保压，液压泵能用于多缸系统。当 P 口不太通畅地与 T 口接通时（如 X 形），系统能保持一定的压力供控制油路使用。

② 系统卸荷。P 口通畅地与 T 口接通时，系统卸荷。

③ 启动平稳性。阀在中位时，液压缸某腔如通油箱，则启动时该腔内因无油液起缓冲作用，启动不太平稳。

④ 液压缸"浮动"和在任意位置上的停止。阀芯在中位，当 A、B 两口互通时，卧式液压缸呈"浮动"状态，可利用其他机构移动工作台，调整其位置。当 A、B 两口堵塞或与 P 口连接（在非差动情况下），则可使液压缸在任意位置处停下来。三位五通换向阀的机能与上述相仿。

换向阀的主要性能，以电磁阀的项目为最多，它主要包括下面几项。

① 工作可靠性。工作可靠性指电磁铁通电后能否可靠地换向，而断电后能否可靠地复位。工作可靠性主要取决于设计和制造，且与使用也有关系。液动力和液压卡紧力的大小对工作可靠性影响很大，而这两个力是与通过阀的流量和压力有关。所以，电磁阀也只有在一定的流量和压力范围内才能正常工作。这个工作范围的极限称为换向界限。

② 压力损失。由于电磁阀的开口很小，故流过阀口时产生较大的压力损失。一般阀体铸造流道中的压力损失比机械加工流道中的损失小。

四、换向阀的安装调试与维护

换向阀常见故障及处理见表 5.3。

表 5.3 电（液、磁）换向阀常见故障及处理

故障现象	原因分析		消除方法
（一）主阀芯不运动	1. 电磁铁故障	（1）电磁铁线圈烧坏。 （2）电磁铁推动力不足或漏磁。 （3）电气线路出故障。 （4）电磁铁未加上控制信号。 （5）电磁铁铁芯卡死	（1）检查原因，进行修理或更换。 （2）消除故障。 （3）检查后加上控制信号。 （4）检查或更换
	2. 先导电磁阀故障	（1）阀芯与阀体孔卡死（如零件几何精度差；阀芯与阀孔配合过紧；油液过脏）。 （2）弹簧侧弯，使滑阀卡死	（1）修理配合间隙达到要求，使阀芯移动灵活。过滤或更换油液。 （2）更换弹簧
	3. 主阀芯卡死	（1）阀芯与阀体几何精度差。 （2）阀芯与阀孔配合太紧。 （3）阀芯表面有毛刺	（1）修理配研间隙达到要求。 （2）去毛刺，冲洗干净

续表

故障现象		原因分析	消除方法
	4. 液控油路故障	(1) 控制油路无油。 ① 控制油路电磁阀未换向。 ② 控制油路被堵塞。 (2) 控制油路压力不足。 ① 阀端盖处漏油。 ② 滑阀排油腔一侧节流阀调节得过小或被堵死	(1) 检查原因并消除。 (2) 检查清洗，并使控制油路畅通。 (3) 拧紧端盖螺钉。 (4) 清洗节流阀并调整适宜
	5. 油液变质或油温过高	(1) 油液过脏使阀芯卡死。 (2) 油温过高，使零件产生热变形；或油液中产生胶质，粘住阀芯而卡死。 (3) 油液黏度太高，使阀芯移动困难而卡住	(1) 过滤或更换。 (2) 检查油温过高原因并消除。 (3) 更换适宜的油液
	6. 安装不良	阀体变形 (1) 安装螺钉拧紧力矩不均匀。 (2) 阀体上连接的管子"别劲"	(1) 重新紧固螺钉，并使之受力均匀。 (2) 重新安装
	7. 复位弹簧不符合要求	(1) 弹簧力过大。 (2) 弹簧侧弯变形，致使阀芯卡死。 (3) 弹簧断裂不能复位	更换适宜的弹簧
(二) 阀芯换向后通过的流量不足	阀开口度不足	(1) 电磁阀中推杆过短。 (2) 阀芯与阀体几何精度差，间隙过小，移动时有卡死现象，故不到位。 (3) 弹簧太弱，推力不足，阀芯行程不到位	(1) 更换适宜长度的推杆。 (2) 配研达到要求。 (3) 更换适宜的弹簧
(三) 压力降过大	阀参数选择不当	实际通过流量大于额定流量	应在额定范围内使用
(四) 液控换向阀阀芯换向速度不易调节	可调装置故障	(1) 单向阀封闭性差。 (2) 节流阀加工精度差，不能调节最小流量。 (3) 排油腔阀盖处漏油。 (4) 针形节流阀调节性能差	(1) 修理或更换。 (2) 更换密封件，拧紧螺钉。 (3) 改用三角槽节流阀
(五) 电磁铁过热或线圈烧坏	1. 电磁铁故障	(1) 线圈绝缘不好。 (2) 电磁铁铁芯不合适，吸不住。 (3) 电压太低或不稳定	(1) 更换。 (2) 电压的变化值应在额定电压的10%以内
	2. 负荷变化	(1) 换向压力超过规定。 (2) 换向流量超过规定。 (3) 回油口背压过高	(1) 降低压力。 (2) 更换规格合适的电液换向阀。 (3) 调整背压使其在规定值内
	3. 装配不良	电磁铁铁芯与阀芯轴线同轴度不良	重新装配，保证有良好的同轴度
(六) 电磁铁吸力不够	装配不良	(1) 推杆过长。 (2) 电磁铁铁芯接触面不平或接触不良	(1) 修磨推杆到适宜长度。 (2) 消除故障，装配达到要求
(七) 冲击与振动	1. 换向冲击	(1) 大通径电磁换向阀，因电磁铁规格大，吸合速度快而产生冲击。 (2) 液动换向阀，因控制流量过大，阀芯移动速度太快而产生冲击。 (3) 单向节流阀中的单向阀钢球漏装或钢球破碎，不起阻尼作用	(1) 需要采用大通径换向阀时，应优先选用电液动换向阀。 (2) 调小节流阀节流口减慢阀芯移动速度。 (3) 检修单向节流阀
	2. 振动	固定电磁铁的螺钉松动	紧固螺钉，并加防松垫圈

多路换向阀常见故障及处理见表 5.4。

表 5.4　多路换向阀常见故障及处理

故 障 现 象	原 因 分 析	消 除 方 法
（一）压力波动及噪声	溢流阀弹簧侧弯或太软。 溢流阀阻尼孔堵塞。 单向阀关闭不严。 锥阀与阀座接触不良	更换弹簧。 清洗，使通道畅通。 修复或更换。 调整或更换
（二）阀杆动作不灵活	复位弹簧和限位弹簧损坏。 轴用弹性挡圈损坏。 防尘密封圈过紧	更换损坏的弹簧。 更换弹性挡圈。 更换防尘密封圈
（三）泄漏	锥阀与阀座接触不良。 双头螺钉未紧固	调整或更换。 按规定紧固

五、换向回路

在液压系统中，起控制执行元件的启动、停止及换向作用的回路，称为方向控制回路。方向控制回路有换向回路和锁紧回路。关于机动—液动换向回路的控制方式和换向精度等问题，在磨床液压系统中会叙述。

1．换向回路

运动部件的换向，一般可采用各种换向阀来实现。在容积调速的闭式回路中，也可以利用双向变量泵控制油流的方向来实现液压缸（或液压电动机）的换向。

依靠重力或弹簧返回的单作用液压缸，可以采用二位三通换向阀进行换向，如图 5.10 所示。双作用液压缸的换向，一般都可采用二位四通（或五通）及三位四通（或五通）换向阀来进行换向，按不同用途还可选用各种不同的控制方式的换向回路。

图 5.10 所示为采用二位三通换向阀使单作用液压缸换向的回路。该系统油液压力由溢流阀进行调定，当二位三通换向阀电磁铁通电时，换向阀阀芯在电磁铁的吸力作用下，工作在右位，此时油泵提供的液压油进入单作用液压缸的左腔，推动活塞克服负载阻力向右移动；当活塞运动到指定位置时，触动电气开关，使换向阀电磁铁断电，换向阀阀芯在弹簧作用下回位，换向阀工作于左位，油泵不卸荷，处于预备状态，液压缸左腔与油箱连通，液压缸本身的回位弹簧推动活塞向左移动，直到活塞带动工作台回到指定位置为止，完成一个工作循环。

电磁换向阀的换向回路应用最为广泛，尤其在自动化程度要求较高的组合机床液压系统中被普遍采用，这种换向回路曾多次出现于上面许多回路中，这里不再赘述。对于流量较大和换向平稳性要求较高的场合，电磁换向阀的换向回路已不能适应上述要求，往往采用手动换向阀或机动换向阀作先导阀，而以液动换向阀为主阀的换向回路，或者采用电液

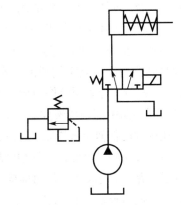

图 5.10　采用二位三通换向阀的换向回路

动换向阀的换向回路。

图 5.11 所示为手动转阀（先导阀）控制液动换向阀的换向回路。回路中用辅助泵 2 提供低压控制油，通过手动先导阀 3（三位四通转阀）来控制液动换向阀 4 的阀芯移动，实现主油路的换向，当手动先导阀 3 在右位时，控制油进入液动换向阀 4 的左端，右端的油液经转阀回油箱，使液动换向阀 4 左位接入工件，活塞下移。当手动先导阀 3 切换至左位时，即控制油使液动换向阀 4 换向，活塞向上退回。当手动先导阀 3 中位时，液动换向阀 4 两端的控制油通油箱，在弹簧力的作用下，其阀芯恢复到中位、主泵 1 卸荷。这种换向回路，常用于大型压机上。

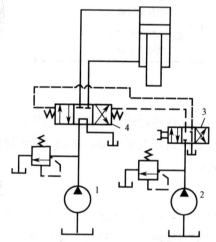

1—主泵；2—辅助泵；3—手动先导阀；4—液动换向阀

图 5.11　先导阀控制液动换向阀的换向回路

在液动换向阀的换向回路或电液动换向阀的换向回路中，控制油液除了用辅助泵供给外，在一般的系统中也可以把控制油路直接接入主油路。但是，当主阀采用 M 形或 H 形中位机能时，必须在回路中设置背压阀，保证控制油液有一定的压力，以控制换向阀阀芯的移动。

2．锁紧回路

为了使工作部件能在任意位置上停留，以及在停止工作时，防止在受力的情况下发生移动，可以采用锁紧回路。

采用 O 型形 M 形机能的三位换向阀，当阀芯处于中位时，液压缸的进、出口都被封闭，可以将活塞锁紧，这种锁紧回路由于受到滑阀泄漏的影响，锁紧效果较差。

图 5.12 所示为采用液控单向阀的锁紧回路。在液压缸的进、回油路中都串接液控单向阀（又称液压锁），活塞可以在行程的任何位置锁紧。其锁紧精度只受液压缸内少量的内泄漏影响，因此，锁紧精度较高。采用液控单向阀的锁紧回路，换向阀的中位机能应使液控单向阀的控制油液卸压（换向阀采用 H 形或 Y 形），此时，液控单向阀

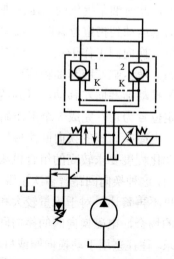

图 5.12　采用液控单向阀的锁紧回路

便立即关闭，活塞停止运动。假如采用 O 形机能，在换向阀中位时，由于液控单向阀的控制腔压力油被闭死而不能使其立即关闭，直至由换向阀的内泄漏使控制腔泄压后，液控单向阀才能关闭，影响其锁紧精度。

 思考与练习

（1）换向阀的基本要求是什么？如何进行换向阀的分类？

（2）换向阀的控制方式有哪些？

（3）何谓三位四通换向阀的中位机能？具体有何应用？

（4）换向回路的工作实质是什么？

（5）锁紧回路是如何实现液压缸的锁紧功能的？

项目六 压力控制阀与压力控制回路

┼┼┼

任务一 溢 流 阀

教学目标

➢ 熟悉溢流阀的结构、安装调试和其基本控制回路的分析。

➢ 熟悉减压阀的结构、安装调试和其基本控制回路的分析。

➢ 熟悉顺序阀的结构、安装调试和其基本控制回路的分析。

➢ 了解压力继电器的结构特征和工作原理。

➢ 熟悉压力控制回路的基本检修方法。

液压控制阀在液压系统中相当于电气控制线路中的开关元件，因此，液压控制阀对液压系统的油路具有开启或关闭、改变油液的流动方向和控制油液的压力及流量的大小等直观作用。而起该作用的关键结构是各种控制阀的阀芯及与阀芯相配合阀体结构，依据该配合结构的形式，液压控制阀可以分为座阀类和滑阀类。

1. 座阀类

它是依靠阀芯与阀座之间接触部位的接触情况来实现油液流动参数的控制功能。为了防止在座阀的配合位置产生油液的泄漏，对阀芯上接触情况的基本要求如下：接触印痕应连续均匀，无任何间断；接触印痕的宽度符合规定；在阀芯上的接触印痕位置应适当；接触部位应无任何沟槽、麻点等表面缺陷。按照阀芯的形状可以分为锥阀（针阀）和球阀，其中锥阀阀芯与阀座采用圆锥面接触，球阀的阀芯与阀座采用线接触或球面接触。图 6.1 所示为锥阀，图 6.2 所示为球阀。

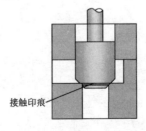
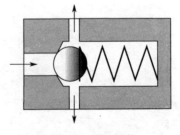

图 6.1 锥阀结构   图 6.2 球阀结构

2. 滑阀类

这种控制阀的阀芯与阀座孔采用圆柱面配合实现控制功能。阀芯与阀座之间密封性能的好坏取决于阀芯与阀座孔的配合间隙大小、阀芯与阀座之间的同心度（同轴度）、阀芯与阀座本身的表面质量和两者之间是否有辅助密封的结构等。这类控制阀阀芯上的密封圆柱面与阀座之间的配合关系有正覆盖面、负覆盖面和零覆盖面三种关系，如图 6.3 所示。正覆盖面的阀芯在关断接口时，各接口同时被阻断，不会出现压力的瞬间下降，但易出现开关冲击，启动冲击也较大；负覆盖面的阀芯在关断接口时，各接口瞬时会互相接通，造成压力瞬时下降，但冲击相对较小；零覆盖面的阀芯通断接口快速，可以实现快速通断。

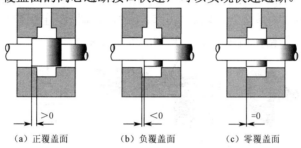

（a）正覆盖面　　　（b）负覆盖面　　　（c）零覆盖面

图 6.3　阀芯密封面与阀座之间的关系

一、溢流阀的结构与工作原理

溢流阀在液压系统中最主要的作用是调节和维持系统压力的恒定及限定最高压力，也就是溢流保压和安全保护作用，以及在节流调速系统中与流量控制阀配合使用，调节进入系统的流量；另外溢流阀还可以对液压系统进行卸荷和顺序控制。几乎所有液压系统都要用到溢流阀，它是液压系统中最重要的压力控制阀。常用的溢流阀按其结构形式和基本动作方式可分直动式和先导式两种。

1. 直动式溢流阀

图 6.4（a）所示为直动式溢流阀的外观图；图 6.4（b）所示为工作原理图；图 6.4（c）所示为功能符号图。直动式溢流阀是依靠系统中的油液压力直接作用在阀芯上与弹簧力相平衡来控制阀芯的启闭动作的。当进油口 P 压力高于调压弹簧设定值时，阀芯右移，阀口打开，油液从排油口 T 排到油箱，系统压力下降。压力下降后，阀芯在弹簧作用下，向左移，关闭阀口。通过这种方式，系统压力就能维持在一个恒定值上。

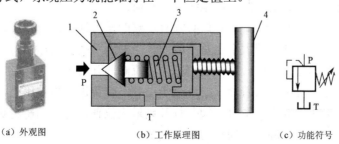

（a）外观图　　　　（b）工作原理图　　　　（c）功能符号

1—阀体；2—阀芯；3—调压弹簧；4—调节手轮

图 6.4　直动式溢流阀

直动式溢流阀对液压系统油液压力的调定是通过手动转动调节手轮，使作用在阀芯上的调压弹簧预紧力改变，从而使阀芯开启油液压力改变来调节液压系统的最高允许压力的。它具有结构简单，动作灵敏，但由于弹簧的尺寸与系统的液压力相对应，而弹簧的尺寸受阀结构的限制，所以只适用于低压系统。

2．先导式溢流阀

图 6.5（a）所示为先导式溢流阀的外观图；图 6.5（b）所示为先导式溢流阀的工作原理图。先导式溢流阀由先导阀和主阀两部分组成，通过先导阀的打开和关闭来控制主阀芯的启闭动作。压力油与导阀上的弹簧作用力相平衡，由于先导阀的阀芯一般为锥阀，受压面积很小，所以用一个刚度不大的弹簧就可以对高开启压力进行调节。主阀弹簧在系统压力很高时，也无须很大的力来与之平衡，所以可以用于中、高压系统。

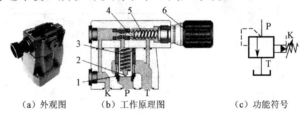

（a）外观图　　　（b）工作原理图　　　（c）功能符号

1—主阀阀芯；2—阻尼孔；3—主阀弹簧；4—先导阀阀芯；5—先导阀弹簧；6—调压手轮

图 6.5　先导式溢流阀

在 K 口封闭的情况下，压力油由 P 口进入，通过阻尼孔 2 后作用在先导阀阀芯 4 上。当压力不高时，作用在先导阀阀芯 4 上的液压力不足以克服导阀弹簧 5 的作用力，先导阀关闭。这时油液全部流向系统管道，主阀阀芯 1 下方和主阀弹簧 3 侧的压力相等。在主阀弹簧 3 的作用下，主阀阀芯关闭，P 口与 T 口不能形成通路，没有溢流。

当进油口 P 口压力升高到作用在先导阀上的液压力大于导阀弹簧力时，先导阀阀芯 4 右移，油液就可从 P 口通过阻尼孔经先导阀流向 T 口。由于阻尼孔的存在，油液经过阻尼孔时会产生一定的压力损失，所以阻尼孔下部的压力高于上部的压力，即主阀阀芯的下部压力大于上部的压力。由于这个压差的存在使主阀芯上移开启，使油液可以从 P 口向 T 口流动，实现溢流。由于阻尼孔两端压差不会太大，为保证可以实现溢流，主阀的弹簧刚度不能太大。

先导式溢流阀的 K 口是一个远程控制口。当将其与另一远程调压阀相连时，就可以通过它调节溢流阀主阀上端的压力，从而实现溢流阀的远程调压。若通过二位二通电磁换向阀接油箱时，就能在电磁换向阀的控制下对系统进行卸荷。

溢流阀 P 口与 T 口要形成通路，P 口必须有足够的压力顶开调压弹簧，而且根据压力的大小不同，P 口与 T 口间开口的大小也是不同的。当油压对阀芯的作用力正好大于弹簧预紧力时，溢流阀阀口开始打开溢流，这个压力称为溢流阀的开启压力。此时，由于压力较低，阀的开口很小，溢流量较小。随着油压的进一步上升，弹簧进一步被压缩，阀开口增大，溢流量增加。当溢流量达到额定流量时，阀芯打开到最大位置，这时的压力称为溢流阀的调整压力。通过调节手轮可以对溢流阀的压力进行调节。

应当注意溢流阀只能实现油液从 P 口向 T 口的流动，不可能出现 T 口向 P 口的流动。如果需要在油液双向流动的管路中装设溢流阀时，须并联一个单向阀来保证油液的反向流动。

二、溢流阀的应用

1. 安全保护作用

安全保护作用是溢流阀最主要的作用。图 6.6（a）所示中的溢流阀 1，它平时是关闭的，只有当油液压力超过规定的极限压力时才开启，起溢流和安全保护作用，以避免液压系统和设备因过载而引起事故。通常这种溢流阀的调定压力比系统最高压力高 10%～20%。特别在定量泵供油的系统中这种安全阀是必备的。

2. 溢流作用

在定量泵供油系统中，不管采用何种流量阀进行节流调速，都要利用溢流阀进行分流。只有这样才能实现液压系统的流量调节和控制。如图 6.6（a）所示的回路中，随着节流阀开口的减小，节流阀进口压力相应升高，溢流阀 2 阀口开启量相应增大，更多的油液从溢流阀 2 流回油箱，节流阀的输出流量相应减少，实现节流调速作用。应当注意的是如果溢流阀调定压力过高，会造成只有节流阀开口调至很小时，溢流阀才开始溢流，从而使节流调速效果变差。

3. 实现远程调压

如图 6.6（b）所示，将先导式溢流阀的外控口 K 接到调节比较方便的远程调压阀进口处。这样调节远程调压阀的弹簧力，就是调节先导式溢流阀主阀阀芯上端的液压力，从而实现远程调压控制的目的。此时远程调压阀所调节的最大压力不能超过先导式溢流阀本身调定的压力。如此，可以实现多级调压控制。

4. 用做卸荷阀

如图 6.6（c）所示，将先导式溢流阀与二位二通电磁阀配合使用，可实现系统卸荷。正常工作时电磁阀断电，溢流阀实现正常的限压溢流作用。在系统出于节能、安全或检修等原因需要系统卸荷时，电磁阀得电，先导式溢流阀 K 口与油箱相通，主阀阀芯上端压力接近于零，主阀口完全打开。由于溢流阀主阀弹簧较软，溢流阀出油压力可以很低，系统实现卸荷。

5. 用做顺序阀

如图 6.6（d）所示，将溢流阀 5 的回油口 T 改为输出压力油的出口，这样就可以作为顺序阀使用，实现在压力控制下的顺序动作。在使用时应注意所用溢流阀的 T 口能否承受高压，否则可能会造成元件的损坏和发生危险。

6. 用于产生背压

如图 6.6（e）所示，将溢流阀 5 串联在液压缸的回油路上，可以在其排油腔产生背压，提高执行元件运动的平稳性。由于溢流阀只能单向导通，所以，油液的反向流动必须通过并联单向阀来解决。

7. 增压回路

如图 6.6（f）所示，将溢流阀仅用于调定增压缸左腔的油液压力。由于增压缸左右两个工作腔有效工作面积有区别，当左腔进油时，左腔的进油压力 p_1 作用在大活塞上，将会在右腔输出一个被提高后的油液压力 p_2，$p_2 = p_1 \cdot A_1 / A_2$。

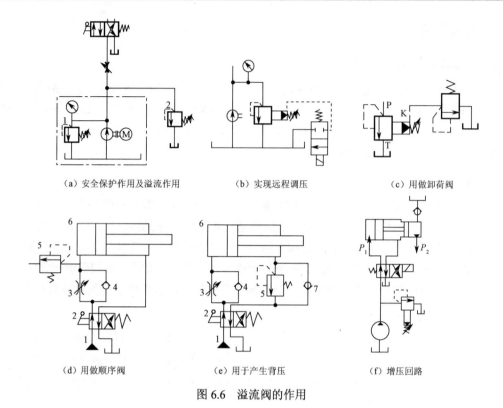

（a）安全保护作用及溢流作用　　　（b）实现远程调压　　　（c）用做卸荷阀

（d）用做顺序阀　　　（e）用于产生背压　　　（f）增压回路

图 6.6　溢流阀的作用

三、溢流阀的安装调试、维护

1. 液压系统对溢流阀的性能要求

（1）定压精度高　当流过溢流阀的流量发生变化时，系统中的压力变化要小，即静态压力超调要小。

（2）灵敏度要高　如图 6.6（a）所示，当液压缸突然停止运动时，溢流阀 2 要迅速开大。否则，定量泵输出的油液将因不能及时排出而使系统压力突然升高，并超过溢流阀的调定压力，称为动态压力超调，使系统中各元件及辅助受力增加，影响其寿命。溢流阀的灵敏度越高，则动态压力超调越小。

（3）工作要平稳，且无振动和噪声。

（4）当阀关闭时，密封要好，泄漏要小。

对于经常开启的溢流阀，主要要求前三项性能；而对于安全阀，则主要要求第二和第四两项性能。其实，溢流阀和安全阀都是同一结构的阀，只不过是在不同要求时有不同的作用而已。

2. 溢流阀的安装与调试

（1）对照液压系统安装图纸，检查溢流阀的型号规格是否符合系统要求。

（2）必须保持溢流阀本身的清洁。因此，在没有连接油管之前，应用石蜡封住溢流阀的进出油口和控制油口，以防止污染物进入液压系统。

（3）对照液压系统管道的铺设情况，正确连接管道与溢流阀的进出油口和控制油口，这些油口与管道的连接不得装反。管道安装时不得敲击阀体和管道等元件。

（4）溢流阀进油口前面应该安装油液压力表，对溢流阀开启压力进行实时监控。

（5）溢流阀作为顺序阀使用时，应注意溢流阀的出油口是否能够承受下一级的液压执行元件工作时的高油压。否则，应采取强化措施或更换符合要求的溢流阀。

（6）溢流阀安装于系统管道上时，应将溢流阀调定在开启压力最低状态。

（7）溢流阀的调试在液压系统所有元件进行了彻底清洗之后进行。调试可以采取以下方法进行。

① 溢流阀用于安全保护和溢流作用时，溢流阀的调定压力比系统最高工作压力高 10%～20%。此时可以在液压系统对应的执行部件上设置一挡铁来代替负载，进行开启压力调节。

② 溢流阀用于顺序控制时，此时溢流阀的开启压力应先调定在开启压力最高状态。调节时，溢流阀的调定压力比液压系统前面一个执行部件的最高工作压力高 10%～15%，以免引起液压系统工作执行元件的动作顺序混乱，引发安全事故。

③ 溢流阀用于远程控制、卸荷阀和产生背压作用时，应先将溢流阀的开启压力调定在最大状态，采取逐步降压的方式，将溢流阀开启压力调定在规定的工作压力状态，并用压力表在溢流阀的进油口处进行压力监控。

3．溢流阀常见故障维护

溢流阀常见故障、原因分析和处理措施见表 6.1。

表 6.1　溢流阀常见故障、原因分析和处理措施

故障现象		原因分析	消除方法
调不上压力	1．主阀故障	（1）主阀芯阻尼孔堵塞（装配时主阀芯未清洗干净，油液过脏）。 （2）主阀芯在开启位置卡死（如零件精度低，装配质量差，油液过脏）。 （3）主阀芯复位弹簧折断或弯曲，主阀芯不能复位	（1）清洗阻尼孔使之畅通；过滤或更换油液。 （2）拆开检修，重新装配；阀盖紧固螺钉拧紧力要均匀；过滤或更换油液。 （3）更换弹簧
	2．先导阀故障	（1）调压弹簧折断或未装。 （2）锥阀或钢球未装。 （3）锥阀损坏	（1）更换弹簧。 （2）补装。 （3）更换
	3．远控口电磁阀故障或远未加丝堵而直通油箱	（1）电磁阀未通电（常开）。 （2）滑阀卡死。 （3）电磁铁线圈烧毁或铁芯卡死。 （4）电气线路故障	（1）检查电气线路接通电源。 （2）检修、更换
	4．装错	进出油口安装错误	纠正
	5．液压泵故障	（1）滑动副之间间隙过大（如齿轮泵、柱塞泵）。 （2）叶片泵的多数叶片在转子槽内卡死。 （3）叶片和转子方向装反	（1）修配间隙到适宜值。 （2）清洗，修配间隙达到适宜值。 （3）纠正方向
压力调不高	1．主阀故障（若主阀为锥阀）	（1）主阀芯锥面封闭性差。 ① 主阀芯锥面磨损或不圆。 ② 阀座锥面磨损或不圆。 ③ 锥面处有脏物粘住。 ④ 主阀芯锥面与阀座锥面不同心。 ⑤ 主阀芯有卡滞现象，阀芯不能与阀座严密结合。 （2）主阀压盖处有泄漏（如密封垫损坏，装配不良，压盖螺钉有松动等）	（1）更换并配研。 （2）修配使之结合良好。 （3）拆开检修，更换密封垫，重新装配，并确保螺钉拧紧力均匀

续表

故障现象		原因分析	消除方法
	2. 先导阀故障	(1) 调压弹簧弯曲，或太弱，或长度过短。 (2) 锥阀与阀座结合处密封性差（如锥阀与阀座磨损，锥阀接触面不圆，接触面太宽进入脏物或被胶质粘住）	(1) 更换弹簧。 (2) 检修更换清洗，使之达到要求
压力突然升高	1. 主阀故障	主阀芯工作不灵敏，在关闭状态突然卡死（如零件加工精度低，装配质量差，油液过脏等）	检修，更换零件，过滤或更换油液
	2. 先导阀故障	(1) 先导阀阀芯与阀座结合面突然粘住，脱不开。 (2) 调压弹簧弯曲造成卡滞	(1) 清洗修配或更换油液。 (2) 更换弹簧
压力突然下降	1. 主阀故障	(1) 主阀芯阻尼孔突然被堵死。 (2) 主阀芯工作不灵敏，在关闭状态突然卡死（零件加工精度低，装配质量差，油液过脏等）。 (3) 主阀盖处密封垫突然破损	(1) 清洗，过滤或更换油液。 (2) 检修更换零件，过滤或更换油液。 (3) 更换密封件
	2. 先导阀故障	(1) 先导阀阀芯突然破裂。 (2) 调压弹簧突然折断	(1) 更换阀芯。 (2) 更换弹簧
	3. 远控口电磁阀故障	电磁铁突然断电，使溢流阀卸荷	检查电气故障并消除
压力波动（不稳定）	1. 主阀故障	(1) 主阀芯动作不灵活，有时有卡住现象。 (2) 主阀芯阻尼孔时堵时通。 (3) 主阀芯锥面与阀座锥面接触不良，磨损不均匀。 (4) 阻尼孔径太大，造成阻尼作用差	(1) 更换零件，压盖螺钉拧紧力应均匀。 (2) 拆开清洗，检查油质，更换油液。 (3) 修配或更换零件。 (4) 适当缩小阻尼孔径
	2. 先导阀故障	(1) 调压弹簧弯曲。 (2) 锥阀与锥阀座接触不良，磨损不均匀。 (3) 压力调节螺钉因锁紧螺母松动而使压力变动	(1) 更换弹簧。 (2) 修配或更换零件。 (3) 调压后应把锁紧螺母锁紧
振动与噪声	1. 主阀故障	主阀芯在工作时径向力不平衡，导致性能不稳定。 (1) 阀体与主阀芯几何精度差，棱边有毛刺。 (2) 阀体内黏附有污物，使配合间隙增大或不均匀	(1) 检查零件精度，对不符合要求的零件应更换，并把棱边毛刺去掉。 (2) 检修更换零件
	2. 先导阀故障	(1) 锥阀与阀座接触不良，圆周面的圆度不好，粗糙度数值大，造成调压弹簧受力不平衡，使锥阀振荡加剧，产生尖叫声。 (2) 调压弹簧轴心线与端面不够垂直，这样针阀会倾斜，造成接触不均匀。 (3) 调压弹簧在定位杆上偏向一侧。 (4) 装配时阀座装偏。 (5) 调压弹簧侧向弯曲	(1) 把封油面圆度误差控制在0.005～0.01mm。 (2) 提高锥阀精度，粗糙度应达 $R_a0.4$ 及以上。 (3) 更换弹簧。 (4) 提高装配质量。 (5) 更换弹簧
	3. 系统存在空气	泵吸入空气或系统存在空气	排除空气
	4. 阀使用不当	通过流量超过允许值	在额定流量范围内使用
	5. 回油不畅	回油管路阻力过高或回油过滤器堵塞或回油管贴近油箱底面	适当增大管径，减少弯头，回油管口应离油箱底面 2 倍管径以上，更换滤芯
	6. 远控口管径选择不当	溢流阀远控口至电磁阀之间的管子通径不宜过大，过大会引起振动	一般管径取 6mm 较适宜

思考与练习

图 6.7 所示为多级调压回路,试分析回路油液压力调节要求及元件的工作情况。

（1）简述溢流阀的工作原理。

（2）溢流阀在液压系统中有哪些具体应用?

（3）液压系统对溢流阀有哪些基本要求?

（4）图 6.7 所示为多级调压回路,试分析回路油液压力调节要求及元件的工作情况。

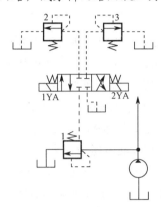

图 6.7　多级调压回路

任务二　减 压 阀

一、减压阀的结构与工作原理

减压阀的功用是使液压系统某分支油路获得比液压系统干路低的油液压力,也就是说液压系统的干路油液进入减压阀进油口,从减压阀出油口流出的油液压力低于液压系统干路的油液压力。其使用的优点在于在同一液压系统中,通过减压阀的作用,可以获得不同的分支油路的油压,而不需要使用多个液压泵来提供系统油液压力,以适应不同的分支液压系统对油液压力的不同需求。根据减压阀对油液压力控制方式的不同,减压阀可以分为定值式减压阀、定差式减压阀和定比式减压阀三种。

1. 定值式减压阀

其特点是该减压阀出油口压力一经调定以后,出油口压力维持恒定。它可以分为直动式减压阀、先导式减压阀和溢流式减压阀三种。下面以直动式减压阀为主题进行说明。

图 6.8（a）所示为直动式减压阀的外观图;图 6.8（b）所示为直动式减压阀的工作原理图。图中 P 为进油口,A 为出油口,减压阀的进出油口之间为常通状态,L 为泄油口与油箱连接（用于微量泄漏油液的回油）。主要工作原理是通过改变阀芯与阀体节流口处通流面积的大小来促使油液流动阻力变化,使节流口位置的压力损失改变,确保出油口 A 的出油压力维持手动调定的压力不变。

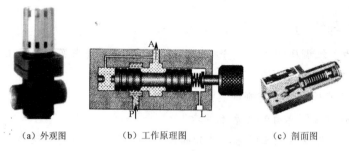

(a) 外观图　　　　(b) 工作原理图　　　　(c) 剖面图

图 6.8　直动式减压阀

基本工作情况如下：手动调节手柄位置，使调压弹簧产生一个预紧力，则出油口 A 的出油压力被调定。如果出油口 A 处出油压力提高，则该油压通过阻尼小孔流向阀芯左侧的空腔作用在阀芯的左端面上，推动阀芯克服调压弹簧的弹力向右移动，阀芯与阀体之间节流口通流面积减少，油液压力损失提高（主要表现为通过的油液流量减少），促使出油口 A 的出油压力降低为事先调定的压力值；反之，调压弹簧克服阀芯左端的油液推力，使阀芯向左移动，阀芯与阀体之间节流口通流面积增大，油液压力损失减少（主要表现为通过的油液流量增大），促使出油口 A 的出油压力降低为事先调定的压力值，也就是出油口压力维持恒定。

采用直动式减压阀的减压回路如果由于外部原因造成减压阀输出口压力继续升高，此时由于减压阀阀口已经关闭，减压阀将失去减压作用。这时由于减压阀输出口的高压无法马上泄走，可能会造成设备或元件的损坏。在这种情况下可以在减压阀的输出口并联一个溢流阀来泄走这部分高压或采用溢流减压阀代替直动减压阀。

图 6.9 所示为溢流式减压阀的工作原理图。它相当于在直动式减压阀出口处并联一个溢流阀所构成的组合阀。正常工作时，回油口 T 关断，其工作状态与图 6.8 所示的减压阀完全一致。达到设定压力值时，溢流减压阀阀芯右移将阀口关闭。但当输出口出现超过设定值的高压时，其阀芯可以继续右移，使输出油口 A 与回油口 T 导通，让输

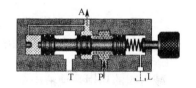

图 6.9　溢流式减压阀工作原理图

出油口的高压从 T 口泄走，从而使出油压力迅速下降到设定值。

直动式减压阀和溢流减压阀都是用弹簧力与油液压力直接平衡，也就意味着工作压力越高，弹簧刚度就越大，所以在中、高压系统中更常用的是先导式减压阀。先导式减压阀和先导式溢流阀一样都是由导阀和主阀两部分构成，但减压阀导阀的弹簧力是与出油口压力相平衡，而不是与进油口压力相平衡，详细结构和工作原理本章不再赘述。图 6.10 所示为各种减压阀的功能符号图。

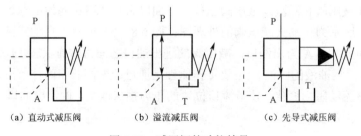

(a) 直动式减压阀　　　　(b) 溢流减压阀　　　　(c) 先导式减压阀

图 6.10　减压阀的功能符号

2．定差减压阀

如图 6.11 所示的定差减压阀进油口与出油口间的压差与预先调定的弹簧力相平衡，使其基本保持不变，即 $\Delta p = p_1 - p_2 =$ 常数。

3．定比减压阀

如图 6.12 所示的定比减压阀，基本工作原理是利用阀体中浮动阀芯两端的液体压力比控制，进出口端减压比与进出口侧活塞面积比成反比。由于阀芯两端的面积比基本固定，可以实现进、出油口压力比值的基本恒定，即 $p_2 / p_1 = A_1 / A_2 =$ 常数。

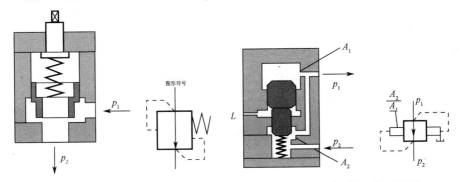

图 6.11　定差减压阀工作原理图　　　　图 6.12　定比减压阀工作原理图

二、减压回路

减压回路如图 6.13 所示。

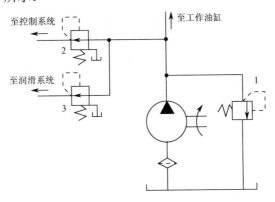

图 6.13　减压回路图

三、减压阀的安装调试、维护与应用

1．减压阀的安装调试

减压阀的安装要求与溢流阀的安装相近似，但应注意以下几点。

（1）对于定值式减压阀，由于属于出油口压力反馈控制方式，在安装调试时，除了将其后的执行元件用定块代替负载以外，还应在定值式减压阀的出油口处并联一个油液压力表对出油口压力进行监控，在液压系统正常供油的情况下，手动调节减压阀的手轮，使减压阀出油口的油液压力符合目标规定的压力。

（2）对于定差式减压阀，由于属于进出油口的压力差 Δp 反馈控制方式，在安装调试时，应在定差式减压阀的进出油口处各并联一个油液压力表对进出油口压力差 Δp 进行比较监控，在液压系统正常供油的情况下，手动调节减压阀的手轮，使减压阀进出油口的油液压力差 Δp 符合目标规定的压力。

（3）定比式减压阀在给排水系统中应用比较广泛，这种减压阀应注意其进出口处的耐压能力应符合系统规定的要求。

2．减压阀的应用

减压阀主要适用于下面一些情况。

（1）降低液压系统主干路的油液压力，供给低压回路使用。

（2）在供油压力不稳定的回路中串接减压阀来进行稳压，避免油液压力波动对执行元件工作产生影响。

（3）根据不同的需要，将液压系统分成若干不同的压力回路，以满足控制油路、辅助油路或各种执行元件不同工作压力的需要。

（4）利用溢流减压阀的特性来减小压力冲击。

3．减压阀常见故障及处理措施

减压阀的常见故障及处理措施见表 6.2。

表 6.2　减压阀的常见故障及处理措施

故障现象	原因分析		消除方法
无二次压力	1．主阀故障	主阀芯在全闭位置卡死（如零件精度低）；主阀弹簧折断，弯曲变形；阻尼孔堵塞	修理、更换零件和弹簧，过滤或更换油液
	2．无油源	未向减压阀供油	检查油路消除故障
不起减压作用	1．使用错误	泄油口不通 （1）螺塞未拧开。 （2）泄油管细长，弯头多，阻力太大。 （3）泄油管与主回油管道相连，回油背压太大。 （4）泄油通道堵塞、不通	（1）将螺塞拧开。 （2）更换符合要求的管子。 （3）泄油管必须与回油管道分开，单独流回油箱。 （4）清洗泄油通道
	2．主阀故障	主阀芯在全开位置时卡死（如零件精度低，油液过脏等）	修理、更换零件，检查油质，更换油液
	3．锥阀故障	调压弹簧太硬，弯曲并卡住不动	更换弹簧
二次压力不稳定	主阀故障	（1）主阀芯与阀体几何精度差，工作时不灵敏。 （2）主阀弹簧太弱，变形或将主阀芯卡住，使阀芯移动困难。 （3）阻尼小孔时堵时通	（1）检修，使其动作灵活。 （2）更换弹簧。 （3）清洗阻尼小孔
二次压力升不高	1．外泄漏	（1）顶盖结合面漏油，其原因如密封件老化失效，螺钉松动或拧紧力矩不均。 （2）各丝堵处有漏油	（1）更换密封件，紧固螺钉，并保证力矩均匀。 （2）紧固并消除外漏
	2．锥阀故障	（1）锥阀与阀座接触不良。 （2）调压弹簧太弱	（1）修理或更换。 （2）更换

任务三　顺 序 阀

一、顺序阀的结构与工作原理

1. 顺序阀的工作原理

顺序阀用来控制液压系统中各执行元件动作的先后顺序。依控制压力的不同，顺序阀又可分为内控式和外控式两种。前者由顺序阀的进油口压力控制阀芯的启闭，后者由外来的控制压力油控制阀芯的启闭（液控顺序阀）。顺序阀也有直动式和先导式两种，前者一般用于低压系统，后者用于中高压系统。

图 6.14 所示为直动式顺序阀的工作原理图和图形符号。当进油口压力较低时，阀芯在弹簧作用下处于下端位置，进油口和出油口不相通。当作用在阀芯下端的油液的液压力大于弹簧的预紧力时，阀芯向上移动，阀口打开，油液便经阀口从出油口流出，从而操纵另一执行元件或其他元件动作。由图可见，顺序阀和溢流阀的结构基本相似，不同的只是顺序阀的出油口通向系统的另一压力油路，而溢流阀的出油口通油箱。此外，由于顺序阀的进、出油口均为压力油，所以它的泄油口必须单独外接油箱。

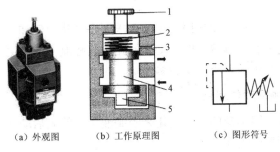

（a）外观图　　　（b）工作原理图　　　（c）图形符号

图 6.14　直动式顺序阀

外控直动式顺序阀的工作原理图和图形符号如图 6.15 所示，和上述顺序阀的差别仅仅在于其下部有一控制油口 K，阀芯的启闭是利用通入控制油口 K 的外部控制油来控制。图 6.16 所示为先导式顺序阀的工作原理图和图形符号，其工作原理可仿前述先导式溢流阀推演，在此不再重复。

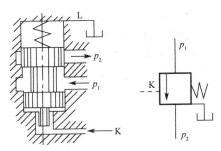

图 6.15　外控直动式顺序阀

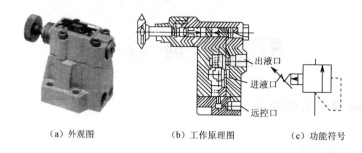

（a）外观图　　　　　　（b）工作原理图　　　　　（c）功能符号

图 6.16　先导式顺序阀

2. 顺序阀的应用

（1）用于产生平衡力，以防止液压缸活塞在负值负载作用下出现前冲。在有负值负载的回路中，通过顺序阀使液压缸的排油腔形成与该负载平衡的背压力，可以防止活塞的前冲现象。

（2）控制多个执行元件的顺序动作。将溢流阀改为顺序阀，即由顺序阀控制实现顺序动作的工作方式。

（3）使液压系统的某一部分保持一定的压力，起背压作用。

（4）用做普通溢流阀。

二、顺序动作回路

在多缸液压系统中，往往需要按照一定的要求顺序动作。例如，自动车床中刀架的纵横向运动，夹紧机构的定位和夹紧等。顺序动作回路按其控制方式不同，分为压力控制、行程控制和时间控制三类，其中前两类用得较多。

1. 用压力控制的顺序动作回路

压力控制就是利用油路本身的压力变化来控制液压缸的先后动作顺序，它主要利用压力继电器和顺序阀来控制顺序动作。

（1）用顺序阀控制的顺序动作回路。图 6.17 所示 o 采用两个单向顺序阀的压力控制顺序动作回路。其中单向顺序阀 2 控制两液压缸前进时的先后顺序，单向顺序阀 1 控制两液压缸后退时的先后顺序。当电磁换向阀 1YA 通电时，压力油进入液压缸 A 的左腔，右腔经阀 1 中的单向阀回油，此时由于压力较低，顺序阀 2 关闭，缸 A 的活塞先动。当液压缸 A 的活塞运动至终点时，油压升高，达到单向顺序阀 2 的调定压力时，顺序阀开启，压力油进入液压缸 B 的左腔，右腔直接回油，缸 B 的活塞向右移动。当液压缸 B 的活塞右移达到终点后，电磁换向阀断电复位，此时压力油进入液压缸 B 的右腔，左腔经阀 1 中的单向阀回油，使缸 B 的活塞向左返回，到达终点时，压力油升高打开顺序阀 1 再使液压缸 A 的活塞返回。

这种顺序动作回路的可靠性，在很大程度上取决于

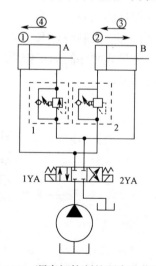

图 6.17　顺序阀控制的顺序动作回路

顺序阀的性能及其压力调整值。顺序阀的调整压力应比先动作的液压缸的工作压力高 0.8～1.0MPa，以免在系统压力波动时，发生误动作。

（2）用压力继电器控制的顺序回路　图 6.18 所示为机床的夹紧、进给系统，要求的动作顺序是先将工件夹紧，然后动力滑台进行切削加工，动作循环开始时，二位四通电磁阀处于图 6.18 所示位置，液压泵输出的压力油进入夹紧缸的右腔，左腔回油，活塞向左移动，将工件夹紧。夹紧后，液压缸右腔的压力升高，当油压超过压力继电器的调定值时，压力继电器发出讯号，指令电磁阀的电磁铁 2DT、4DT 通电，进给液压缸动作（其动作原理详见速度换接回路）。油路中要求先夹紧后进给，工件没有夹紧则不能进给，这一严格的顺序是由压力继电器保证的。压力继电器的调整压力应比减压阀的调整压力低 0.3～0.5MPa。

2. 用行程开关控制的顺序动作回路

行程控制顺序动作回路是利用工作部件到达一定位置时，发出讯号来控制液压缸的先后动作顺序，它可以利用行程开关、行程阀或顺序缸来实现。

图 6.19 所示为利用电气行程开关发出控制电信号来控制电磁阀先后换向的顺序动作回路。其动作顺序如下：按启动按钮，电磁铁 1YA 通电，缸 A 活塞右行；当挡铁触动行程开关 SQ2，使 2YA 通电，缸 B 活塞右行；缸 B 活塞右行至行程终点，触动 SQ3，使 1YA 断电，缸 A 活塞左行；而后触动 SQ1，使 2YA 断电，缸 B 活塞左行。至此完成了缸 A、缸 B 的全部顺序动作的自动循环。采用电气行程开关控制的顺序回路，调整行程大小和改变动作顺序均甚方便，且可利用电气互锁使动作顺序可靠。

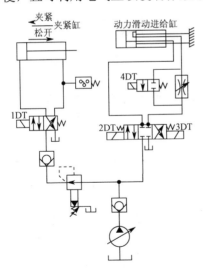
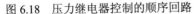
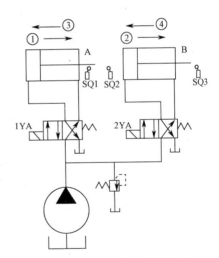

图 6.18　压力继电器控制的顺序回路　　　　图 6.19　行程开关控制的顺序回路

3. 同步回路

使两个或两个以上的液压缸，在运动中保持相同位移或相同速度的回路称为同步回路。在一泵多缸的系统中，尽管液压缸的有效工作面积相等，但是由于运动中所受负载不均衡，摩擦阻力也不相等，泄漏量的不同及制造上的误差等，不能使液压缸同步动作。同步回路的作用就是为了克服这些影响，补偿它们在流量上所造成的变化。

1）串联液压缸的同步回路

图 6.20 所示为串联液压缸的同步回路。图中第一个液压缸 5 回油腔排出的油液，被送入第二个液压缸 6 的进油腔。如果串联油腔活塞的有效面积相等，便可实现同步运动。这种回路两缸能承受不同的负载，但泵的供油压力要大于两缸工作压力之和。

由于泄漏和制造误差，影响了串联液压缸的同步精度，当活塞往复多次后，会产生严重的失调现象，为此要采取补偿措施。

2）流量控制式同步回路

（1）用调速阀控制的同步回路。图 6.21 所示为两个并联的液压缸，分别用调速阀控制的同步回路。两个调速阀分别调节两缸活塞的运动速度，当两缸有效面积相等时，则流量也调整得相同；若两缸面积不等时，则改变调速阀的流量也能达到同步的运动。

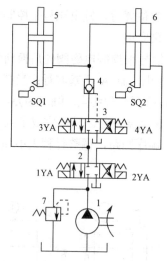

图 6.20　串联液压缸的同步回路

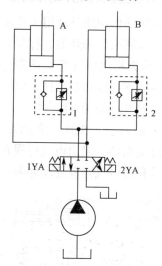

图 6.21　调速阀控制的同步回路

用调速阀控制的同步回路，结构简单，并且可以调速，但是由于受到油温变化及调速阀性能差异等影响，同步精度较低，一般在 5%～7%。

（2）用电液比例调速阀控制的同步回路。图 6.22 所示为用电液比例调整阀实现同步运动的回路。回路中使用了一个普通调速阀 1 和一个比例调速阀 2，它们装在由多个单向阀组成的桥式回路中，并分别控制着液压缸 3 和 4 的运动。当两个活塞出现位置误差时，检测装置就会发出讯号，调节比例调速阀的开度，使缸 4 的活塞跟上缸 3 活塞的运动而实现同步。

这种回路的同步精度较高，位置精度可达 0.5mm，已能满足大多数工作部件所要求的同步精度。比例阀性能虽然比不上伺服阀，但费用低，系统对环境适应性强，因此，用它来实现同步控制被认为是一个新的发展方向。

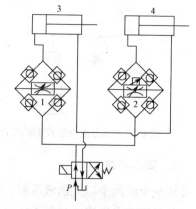

1—普通调速阀；2—比例调速阀；3，4—液压缸

图 6.22　电液比例调速阀控制的同步回路

4．多缸快慢速互不干涉回路

在一泵多缸的液压系统中，往往由于其中一个液压缸快速运动时，会造成系统的压力下降，影响其他液压缸工作进给的稳定性。因此，在工作进给要求比较稳定的多缸液压系统中，必须采用快慢速互不干涉回路。

如图 6.23 所示的回路中，各液压缸分别要完成快进、工作进给和快速退回的自动循环。回路采用双泵的供油系统，泵 1 为高压小流量泵，供给各缸工作进给所需的压力油；泵 2 为低压大流量泵，为各缸快进或快退时输送低压油，它们的压力分别由溢流阀 3 和 4 调定。

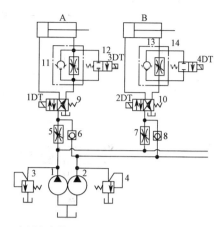

1—高压小流量泵；2—低压大流量泵；3，4—溢流阀

图 6.23　防干扰回路

当开始工作时，电磁阀 1DT、2DT 和 3DT、4DT 同时通电，泵 2 输出的压力油经单向阀 6 和 8 进入液压缸的左腔，此时两泵供油使各活塞快速前进。当电磁铁 3DT、4DT 断电后，由快进转换成工作进给，单向阀 6 和 8 关闭，工进所需压力油由泵 1 供给。如果其中某一液压缸（如缸 A）先转换成快速退回，即换向阀 9 失电换向，泵 2 输出的油液经单向阀 6、换向阀 9 和阀 11 的单向元件进入液压缸 A 的右腔，左腔经换向阀回油，使活塞快速退回。

而其他液压缸仍由泵 1 供油，继续进行工作进给。这时，调速阀 5（或 7）使泵 1 仍然保持溢流阀 3 的调整压力，不受快退的影响，防止了相互干扰。在回路中调速阀 5 和 7 的调整流量应适当大于单向调速阀 11 和 13 的调整流量，这样，工作进给的速度由阀 11 和 13 来决定，这种回路可以用在具有多个工作部件各自分别运动的机床液压系统中。换向阀 10 用来控制 B 缸换向，换向阀 12、14 分别控制 A、B 缸快速进给。

5．平衡回路

平衡回路的功用在于防止垂直或倾斜放置的液压缸和与之相连的工作部件因自重而自行下落。图 6.24（a）所示为采用单向顺序阀的平衡回路，当 1YA 得电后活塞下行时，回油路上就存在着一定的背压；只要将这个背压调得能支撑住活塞和与之相连的工作部件自重，活塞就可以平稳地下落。当换向阀处于中位时，活塞就停止运动，不再继续下移。这种回路当活塞向下快速运动时功率损失大，锁住时活塞和与之相连的工作部件会因单向顺序阀和换向阀的泄漏而缓慢下落，因此，它只适用于工作部件重量不大、活塞锁住时定位要求不高的场合。图 6.24（b）所示为采用液控顺序阀的平衡回路。当活塞下行时，控制压力油打开液控顺序阀，背压消失，因而回路效率较高；当停止工作时，液控顺序阀关闭以防止活塞和工作部件因自重而下降。这种平衡回路的优点是只有上腔进油时活塞才下行，比较安全可靠；缺点是活塞下行时平稳性较差。这是因为活塞下行时，液压缸上腔油压降低，将使液控顺序阀关闭。当顺序阀关闭时，因活塞停止下行，使液压缸上腔油压升高，又打开液控顺序阀。因此，液控顺序阀始终工作于启闭的过渡状态，因而影响工作的平稳性。这种回路适用于运动部件重量不很大、停留时间较短的液压系统中。

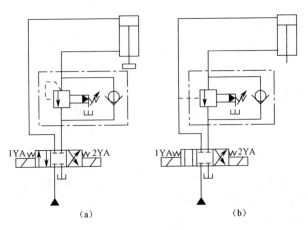

（a）　　　　　　　　　（b）

图 6.24　采用顺序阀的平衡回路

三、顺序阀的安装调试、维护

顺序阀常见故障及处理见表 6.3。

表 6.3　顺序阀常见故障及处理

故 障 现 象	原 因 分 析	消 除 方 法
（一）始终出油，不起顺序阀作用	（1）阀芯在打开位置上卡死（如几何精度差，间隙太小；弹簧弯曲，断裂；油液太脏）。 （2）单向阀在打开位置上卡死（如几何精度差，间隙太小；弹簧弯曲，断裂；油液太脏）。 （3）单向阀密封不良（如几何精度差）。 （4）调压弹簧断裂。 （5）调压弹簧漏装。 （6）未装锥阀或钢球	（1）修理，使配合间隙达到要求，并使阀芯移动灵活；检查油质，若不符合要求应过滤或更换；更换弹簧。 （2）修理，使配合间隙达到要求，并使单向阀芯移动灵活；检查油质，若不符合要求应过滤或更换；更换弹簧。 （3）修理，使单向阀的密封良好。 （4）更换弹簧。 （5）补装弹簧。 （6）补装
（二）始终不出油，不起顺序阀作用	（1）阀芯在关闭位置上卡死（如几何精度差；弹簧弯曲；油脏）。 （2）控制油液流动不畅通（如阻尼小孔堵死，或远控管道被压扁堵死）。 （3）远控压力不足，或下端盖结合处漏油严重。 （4）通向调压阀油路上的阻尼孔被堵死。 （5）泄油管道中背压太高，使滑阀不能移动。 （6）调节弹簧太硬，或压力调得太高	（1）修理，使滑阀移动灵活，更换弹簧；过滤或更换油液。 （2）清洗或更换管道，过滤或更换油液。 （3）提高控制压力，拧紧端盖螺钉并使之受力均匀。 （4）清洗。 （5）泄油管道不能接在回油管道上，应单独接回油箱。 （6）更换弹簧，适当调整压力
（三）调定压力值不符合要求	（1）调压弹簧调整不当。 （2）调压弹簧侧向变形，最高压力调不上去。 （3）滑阀卡死，移动困难	（1）重新调整所需要的压力。 （2）更换弹簧。 （3）检查滑阀的配合间隙，修配，使滑阀移动灵活；过滤或更换油液
（四）振动与噪声	（1）回油阻力（背压）太高。 （2）油温过高	（1）降低回油阻力。 （2）控制油温在规定范围内
（五）单向顺序阀反向不能回油	单向阀卡死打不开	检修单向阀

思考与练习

（1）减压阀的基本工作原理是什么？举例说明有哪些具体应用？

（2）减压阀的工作受哪些因素影响较大？

（3）在多缸液压系统中，如何实现不同液压缸之间的顺序动作？

（4）顺序动作回路中对顺序阀有何具体要求？

任务四　压力继电器

1．压力继电器的分类和工作原理

压力继电器是一种将油液的压力信号转换成电信号的控制元件。它由压力—位移转换部件和微动开关两部分组成。当油液的压力达到压力继电器的调定压力时，使其内部电气触点发生通断变化，发出电信号，来控制电磁换向阀、继电器等电气元件动作，实现油路换向、卸压、顺序动作等。

按压力—位移转换部件的结构，压力继电器可分为柱塞式、弹簧管式、膜片式和波纹管式四种类型。其中柱塞式压力继电器是最常用的。图6.25所示为柱塞式和膜片式压力继电器的工作原理图和系统功能符号图。

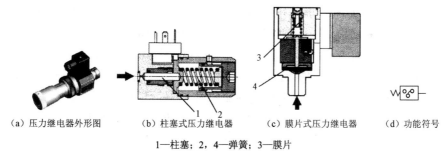

（a）压力继电器外形图　　（b）柱塞式压力继电器　　（c）膜片式压力继电器　　（d）功能符号

1—柱塞；2，4—弹簧；3—膜片

图6.25　压力继电器工作原理图

2．压力继电器的应用

压力继电器是利用液体压力信号来通断电气触点的液电转换元件，对于液压系统的电气控制有着非常重要的作用。除此之外它所发出的电信号还可以应用在其他需使用电气信号进行控制的地方。可以利用液压系统油液压力的变化实现系统电气线路的自动控制和远程控制。

压力继电器在液压传动控制系统中主要有以下应用。

（1）用于控制执行元件，实现顺序动作　如图6.26（a）所示，利用压力继电器可以实现在压力控制下的液压缸顺序动作。通过让前一个执行元件动作完成时产生压力信号，来使压力继电器发出信号，控制下一个执行元件动作，这样就实现了压力控制下的顺序动作。在此液压系统的主油路接入的换向阀电磁铁动作由压力继电器5来进行控制控制。当支路上的液压缸运动到达指定位置时，该液压缸停止，系统压力提高，促使压力继电器产生动作，才能接通或断开主油路换向阀的控制电磁铁，主油路液压缸才能产生相应方向的运动。

（2）用于安全保护　在机床设备上，利用压力继电器对工件或刀具夹紧力进行检测，只要夹紧压力不够，就无法使压力继电器产生输出。通过电气连锁让加工设备不继续动作或发出报警信号，可以有效防止因工件或刀具未夹紧而发生危险事故。

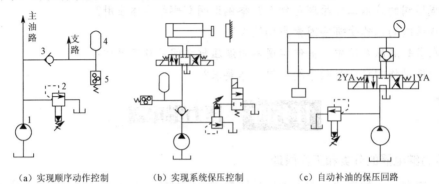

(a) 实现顺序动作控制　　　　(b) 实现系统保压控制　　　　(c) 自动补油的保压回路

图 6.26　压力继电器的应用

（3）实现系统的保压　在液压系统中，常要求液压执行机构在一定的行程位置上停止运动或在有微小的位移下稳定地维持住一定的压力，这就要采用保压回路。最简单的保压回路是密封性能较好的液控单向阀的回路，但是，阀类元件处的泄漏使得这种回路的保压时间不能维持太久。

如图 6.26（b）所示，可以利用压力继电器来长时间保持液压缸的左腔压力。当左腔压力高于设定值时，压力继电器动作，换向阀进入中位，泵卸荷。当压力由于泄漏等原因低于设定值时，压力继电器复位，换向阀切换到左位，液压泵向液压缸左腔供油充压。这样通过压力继电器就可以自动实现液压缸工作腔压力的长时间保持。

图 6.26（c）所示为采用液控单向阀和电接触式压力表的自动补油式保压回路，其工作原理为当 1YA 得电，换向阀右位接入回路，液压缸上腔压力上升至电接触式压力表的上限值时，上触点接电，使电磁铁 1YA 失电，换向阀处于中位，液压泵卸荷，液压缸由液控单向阀保压。当液压缸上腔压力下降到预定下限值时，电接触式压力表又发出信号，使 1YA 得电，液压泵再次向系统供油，使压力上升。当压力达到上限值时，上触点又发出信号，使 1YA 失电。因此，这一回路能自动地使液压缸补充压力油，使其压力能长期保持在一定范围内。

（4）控制液压泵的启停或卸荷　利用压力继电器还可以控制液压泵的启动、停止和卸荷。双泵供油系统中，当空载时，高压泵、低压泵双泵同时向液压缸供油，液压缸快进；开始加工时，系统压力上升，压力继电器发出信号关闭低压泵，减少进入液压缸的流量，使液压缸工进3

4．压力继电器常见故障检修

压力继电器常见故障现象及处理措施见表 6.4。

表 6.4　压力继电器（压力开关）常见故障及处理

故 障 现 象	原 因 分 析	消 除 方 法
（一）无输出信号	（1）微动开关损坏。 （2）电气线路故障。 （3）阀芯卡死或阻尼孔堵死。	（1）更换微动开关。 （2）检查原因，排除故障。 （3）清洗，修配，达到要求。

续表

故 障 现 象	原 因 分 析	消 除 方 法
	（4）进油管路弯曲、变形，使油液流动不通畅。 （5）调节弹簧太硬或压力调得过高。 （6）与微动开关相接的触头未调整好。 （7）弹簧和顶杆装配不良，有卡滞现象	（4）更换管子，使油液流动通畅。 （5）更换适宜的弹簧或按要求调节压力值。 （6）精心调整，使触头接触良好。 （7）重新装配，使动作灵敏
（二）灵敏度太差	（1）顶杆柱销处摩擦力过大，或钢球与柱塞接触处摩擦力过大。 （2）装配不良，动作不灵活或"别劲"。 （3）微动开关接触行程太长。 （4）调整螺钉、顶杆等调节不当。 （5）钢球不圆。 （6）阀芯移动不灵活。 （7）安装不当，如不平和倾斜安装	（1）重新装配，使动作灵敏。 （2）重新装配，使动作灵敏。 （3）合理调整位置。 （4）合理调整螺钉和顶杆位置。 （5）更换钢球。 （6）清洗、修理，达到灵活。 （7）改为垂直或水平安装
（三）发信号太快	（1）进油口阻尼孔大。 （2）膜片碎裂。 （3）系统冲击压力太大。 （4）电气系统设计有误	（1）阻尼孔适当改小，或在控制管路上增设阻尼管（蛇形管）。 （2）更换膜片。 （3）在控制管路上增设阻尼管，以减弱冲击压力。 （4）按工艺要求设计电气系统

 思考与练习

（1）液压系统中的压力继电器有何功用？

（2）举例说明压力继电器有哪些应用？

项目七　流量控制阀与调速回路

任务一　节流阀

教学目标

➢ 熟悉液压泵的基本参数及其工作性能的影响因素。

➢ 熟悉各种液压泵的结构特征和工作原理。

➢ 熟悉几种典型液压泵的维修要点。

➢ 了解液压电动机的结构特征和工作原理。

1. 节流阀的工作原理

在液压传动系统中，节流阀是结构最简单的流量控制阀，被广泛应用于负载变化不大或对速度稳定性要求不高的液压传动系统中。节流阀节流口的形式有很多种，图 7.1 所示为几种常见形式。

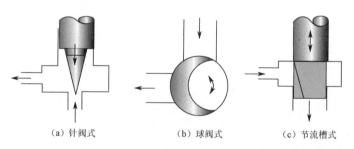

|（a）针阀式|（b）球阀式|（c）节流槽式|

图 7.1　节流口的不同形式

基本工作原理：通过改变节流阀阀芯相对于阀座的位置，从而改变阀座通流截面积的大小，使流过阀口的油液流量发生改变，则液压执行元件的进油流量（或回油流量）产生变化，执行元件的运动速度产生相应的变化，达到控制液压系统执行元件运动速度的目的。节流阀的外形图及工作原理图如图 7.2 所示，图 7.3 所示为节流阀在液压系统中的功能符号。

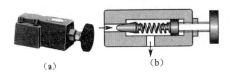

图 7.2 节流阀的外形图及工作原理图   图 7.3 功能符号

影响节流阀流量稳定性的因素主要有以下几点。

（1）节流口的堵塞 节流阀节流口由于开度较小，易被油液中的杂质影响发生局部堵塞。这样就使节流阀的通流面积变小，流量也随之发生改变。

（2）温度的影响 液压油的温度影响到油液的黏度，黏度增大，流量变小；黏度减小，流量变大。

（3）节流阀输入输出油口之间的压差 节流阀两端的压差和通过它的流量有固定的比例关系。压差越大，流量越大；压差越小，流量越小。节流阀的刚性反映了节流阀抵抗负载变化的干扰、保持流量稳定的能力。节流阀的刚性越大，流量随压差的变化越小；刚性越小，流量随压差的变化就越大。

2．单向节流阀

将节流阀与单向阀并联即构成了单向节流阀。如图 7.4 所示的单向节流阀当油液从 A 口流向 B 口时，单向阀关闭，油液通过节流口才能流向 B 口，起节流作用；当油液由 B 口流向 A 口时，单向阀打开，无节流作用。液压系统中的单向节流阀和气动系统中的单向节流阀一样可以单独调节执行部件在某一个方向上的速度。其实物图如图 7.4（a）所示。

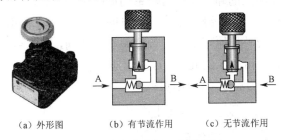

（a）外形图   （b）有节流作用   （c）无节流作用

图 7.4 单向节流阀工作原理图

任务二 调速阀

一、调速阀的结构与工作原理

普通节流阀由于刚性差，在节流开口一定的条件下，一方面通过它的工作流量受工作负载（出口压力）变化的影响，不能保持执行元件运动速度的稳定，因此，只适用于工作负载变化不大和速度稳定性要求不高的场合。由于工作负载的变化很难避免，为了改善调速系统的性能，通常是对节流阀进行补偿，即采取措施使节流阀前后压力差在负载变化时始终保持不变。由 $q = KA\Delta p^{m}$ 可知，当 Δp 基本不变时，通过节流阀的流量只由其开口量大小来决定，使 Δp 基本保持不变的方式有两种：一种是将定压差式减压阀与节流阀并联起来构成调速阀；另一种是将稳压溢流阀与节流阀并联起来构成溢流节流阀。这两种阀是利用流量的变化所引起的油路压力的变化，通过阀芯的负反馈动作来自动调节节流部分的压力差，使其保持不变。另一方面油温的变化也将引起油液黏度的变化，从而导致通过节流阀的流量发生变化，为此出现了温度补偿调速阀。

1. 调速阀

调速阀是在节流阀 2 前面串接一个定差式减压阀 1 组合而成的。图 7.5 所示为其工作原理图。液压泵的出口（调速阀的进口）压力 p_1 由溢流阀调整基本不变，而调速阀的出口压力 p_3 则由液压缸负载 F 决定。油液先经减压阀产生一次压力降，将压力降到 p_2，p_2 经通道 e、f 作用到减压阀的 d 腔和 c 腔；节流阀的出口压力 p_3 又经反馈通道 a 作用到减压阀的上腔 b，当减压阀的阀芯在弹簧力 Fs、油液压力 p_2 和 p_3 作用下处于某一平衡位置时（忽略摩擦力和液动力等），维持调速阀出油口的流量基本保持不变。

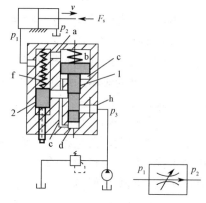

1—定差式减压阀；2—节流阀

图 7.5　普通调速阀

2. 温度补偿调速阀

普通调速阀的流量虽然已能基本上不受外部负载变化的影响，但是当流量较小时，节流口的通流面积较小，这时节流口的长度与通流截面直径的比值相对地增大，因而油液的黏度变化对流量的影响也增大，所以当油温升高后，油液的黏度变小时，流量仍会增大，为了减小温度对流量的影响，可以采用温度补偿调速阀。

温度补偿调速阀的压力补偿原理部分与普通调速阀相同，据 $q = \Delta K A p^m$ 可知，当 Δp 不变时，由于黏度下降，K 值（$m \neq 0.5$ 的孔口）上升，此时只有适当减小节流阀的开口面积，方能保证 q 不变。图 7.6 所示为温度补偿原理图。

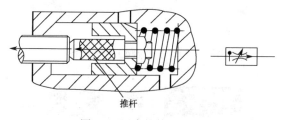

推杆

图 7.6　温度补偿原理图

3. 溢流节流阀（旁通型调速阀）

溢流节流阀也是一种压力补偿型节流阀，图 7.7 所示为其工作原理图及功能符号。

从液压泵输出的油液一部分从节流阀 4 进入液压缸左腔推动活塞向右运动，另一部分经溢流阀的溢流口流回油箱，溢流阀阀芯 3 的上端 a 腔同节流阀 4 上腔相通，其压力为 p_2；腔 b 和下端腔 c 同溢流阀 3 前的油液相通，其压即为泵的压力 p_1，当液压缸活塞上的负载力 F 增大时，压力 p_2 升高，a 腔的压力也升高，使阀芯 3 下移，关小溢流口，这样就使液压泵的供油压力 p_1 增加，从而使节流阀 4 的前、后压力差（$p_1 - p_2$）基本保持不变。这种溢流阀一般附带一个安全阀 2，以避免系统过载。

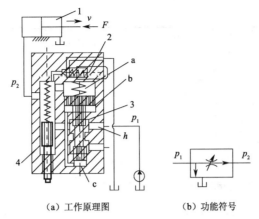

（a）工作原理图　　　　　（b）功能符号

1—液压缸；2—安全阀；3—溢流阀；4—节流阀

图 7.7 溢流节流阀

溢流节流阀是通过 p_1 随 p_2 的变化来使流量基本上保持恒定的，它与调速阀虽都具有压力补偿的作用，但其组成调速系统时是有区别的，调速阀无论在执行元件的进油路上或回油路上，执行元件上负载变化时，泵出口处压力都由溢流阀保持不变，而溢流节流阀是通过 p_1 随 p_2（负载的压力）的变化来使流量基本上保持恒定的。因而溢流节流阀具有功率损耗低、发热量小的优点。但是溢流节流阀中流过的流量比调速阀大（一般是系统的全部流量），阀芯运动时阻力较大，弹簧较硬，其结果使节流阀前后压差 Δp 加大（需达 0.3～0.5MPa），因此它的稳定性稍差。

二、调速阀的安装调试、维护

流量阀常见故障及处理见表 7-10。

表 7.1 流量阀常见故障及处理

故障现象	原因分析		消除方法
调整节流阀手柄无流量变化	1. 压力补偿阀不动作	压力补偿阀芯在关闭位置上卡死。 （1）阀芯与阀套几何精度差，间隙太小。 （2）弹簧侧向弯曲、变形而使阀芯卡住。 （3）弹簧太弱	（1）检查精度，修配间隙达到要求，移动灵活。 （2）更换弹簧
	2. 节流阀故障	（1）油液过脏，使节流口堵死。 （2）手柄与节流阀芯装配位置不合适。 （3）节流阀阀芯上键连接失落或未装键。 （4）节流阀阀芯配合间隙过小或变形而卡死。 （5）调节杆螺纹被脏物堵住，造成调节不良	（1）检查油质，过滤油液。 （2）检查原因，重新装配。 （3）更换键或补装键。 （4）修配间隙或更换零件。 （5）拆开清洗
	3. 系统未供油	换向阀阀芯未换向	检查原因并消除
执行元件运动速度不稳定（流量不稳定）	1. 压力补偿阀故障	（1）压力补偿阀阀芯工作不灵敏。 ① 阀芯有卡死现象。 ② 补偿阀的阻尼小孔时堵时通。 ③ 弹簧侧向弯曲、变形，或弹簧端面与弹簧轴线不垂直。 （2）压力补偿阀阀芯在全开位置上卡死。 ① 补偿阀阻尼小孔堵死。 ② 阀芯与阀套几何精度差，配合间隙过小。 ③ 弹簧侧向弯曲、变形而使阀芯卡住	（1）修配，达到移动灵活。 （2）清洗阻尼孔，若油液过脏应更换。 （3）更换弹簧

续表

故障现象	原因分析		消除方法
2. 节流阀故障	（1）节流口处积有污物，造成时堵时通。 （2）简式节流阀外载荷变化会引起流量变化		（1）拆开清洗，检查油质，若油质不合格应更换。 （2）对外载荷变化大的或要求执行元件运动速度非常平稳的系统，应改用调速阀
3. 油液品质劣化	（1）油温过高，造成通过节流口流量变化。 （2）带有温度补偿的流量控制阀的补偿杆敏感性差，已损坏。 （3）油液过脏，堵死节流口或阻尼孔		（1）检查温升原因，降低油温，并控制在要求范围内。 （2）选用对温度敏感性强的材料做补偿杆，坏的应更换。 （3）清洗，检查油质，不合格的应更换
4. 单向阀故障	在带单向阀的流量控制阀中，单向阀的密封性不好		研磨单向阀，提高密封性
5. 管路振动	（1）系统中有空气。 （2）由于管路振动使调定的位置发生变化		（1）应将空气排净。 （2）调整后用锁紧装置锁住
6. 泄漏	内泄和外泄使流量不稳定，造成执行元件工作速度不均匀		消除泄漏，或更换元件

任务三　调速回路

一、进油节流调速回路

1. 进油节流调速回路

如图 7.8 所示，在进油节流调速回路中液压泵输出油液的一部分经节流阀进入液压缸工作腔，推动活塞运动，其余的油液由溢流阀排回油箱。节流阀直接调节进入液压缸的油液流量，达到控制液压缸运动速度的目的。

2. 回油节流调速回路

如图 7.9 所示，回油节流则是借助节流阀控制液压缸排油腔的油液排出流量。由于液压缸进油流量受到回油路上的排出流量的限制，因此，用节流阀调节排油流量也就间接地调节了液压缸的进油流量，多余的油液仍经溢流阀流回油箱。

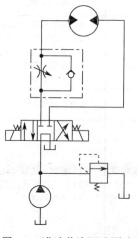

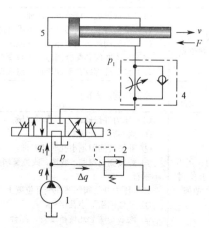

图 7.8　进油节流调速回路　　　　图 7.9　回油节流调速回路

3．进油节流和排油节流比较

（1）速度刚性和最大承载能力 不论采用进油节流还是回油节流调速，速度都会随负载变化而变化，它们的速度刚性、最大承载能力基本相同。

（2）功率损失和效率 进油节流和回油节流这两种调速回路都存在由节流造成的节流损失和油液通过溢流阀排走造成的溢流损失，所以这两种调速回路的效率都较低。两种调速方式的功率损失基本相同，但在回油节流回路中，由于节流阀的背压作用，相同负载时液压缸的工作腔和回油腔的压力都比进油节流的高，这样会使节流功率损失大大增大，并使泄漏增大，因而实际效率比进油节流调速回路低。

（3）承受负值负载能力和运动稳定性 采用进油节流，当负载的方向与液压缸活塞运动方向相同时（负值负载），可能会出现活塞不受节流阀控制的前冲现象；采用回油节流，由于回油路上有节流阀的存在，在液压缸回油腔会形成一定的背压，在出现负值负载时，可防止执行元件的前冲。回油节流回路中节流阀的背压作用还可提高液压缸运动的稳定性。

（4）启动稳定性 在进油节流回路中，在启动时由于在进油路有节流阀的存在，可以减少或避免液压缸活塞的前冲现象；而在回油节流回路中，由于启动时进油路上没有节流，会造成液压缸活塞的前冲。

（5）是否方便实现压力控制 采用进油节流，当液压缸活塞杆碰到阻挡或到达极限位置而停止时，其工作腔由于受到节流作用，压力缓慢上升到系统最高压力，利用这个过程可以很方便地实现压力顺序控制。采用回油节流，执行元件停止时，其进油腔压力由于没有节流，压力迅速上升，回油腔压力在节流作用下逐渐下降到零。利用这一过程来实现压力控制，由于其可靠性差一般不采用。

（6）最低稳定速度 采用相同的液压缸，要获得相同的伸出速度，进油节流由于其进油腔（无杆腔）活塞有效作用面积大于回油节流的排油腔（有杆腔）的活塞有效作用面积，所以，进油节流时通过节流阀的流量可以相对大一些。在缸径、运动速度相同的情况下，进油节流调速回路中节流阀的通流面积大于回油节流调速回路中节流阀的通流面积，低速时不易堵塞。在相同的最小稳定流量下，采用进油节流则可以获得更低的稳定速度。

（7）发热和泄漏 采用进油节流调速，经过节流阀后发热的油液将直接进入液压缸内。在回油节流调速回路中，经过节流阀后发热的油液则是直接流回油箱进行冷却。因此，发热和由此造成的泄漏现象在进油节流调速回路中比在回油节流调速回路中严重。

综合这两种节流方式的特点，液压传动系统中经常采用进油节流调速，并在回油路上加背压阀的办法来获得兼有两者优点的综合性能。

二、旁路节流调速回路

如图 7.10 所示，在旁路节流调速回路中，节流阀并联在液压泵供油路和液压缸回油路上，液压泵输出的流量一部分经节流阀流回油箱，一部分进入液压缸推动活塞杆动作。在定量泵供油的液压系统中，节流阀开口越大，通过节流阀的流量越大，则进入液压缸的流量就越小，其运动速度就越慢；反之通过节流阀的流量越小，进入液压缸的流量就越大，其运动速度就越快。因此，旁路节流通过调节液压泵流回油箱的流量，实现了调速作用，而不需要溢流阀再进行分流。

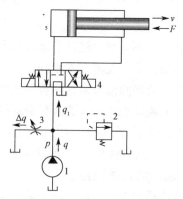

图 7.10　旁路节流调速回路

　　旁路节流调速方式由于不存在功率的溢流损失，效率高于进油节流和回油节流，但负载特性很软，低速承载能力弱，运动速度稳定性差。所以，旁路节流调速只适用于高速、重载，对速度平稳性要求不高的场合，有时也可用于要求进给速度随负载增大自动减小的场合。

　　采用调速阀调速一样可以构成进油节流、回油节流和旁路节流三种节流调速回路，适用于执行元件负载变化大，而运动速度稳定性要求又较高的场合。但由于采用调速阀增加了在定差减压阀上的能量损失，所以，其功率损耗要大于采用节流阀的节流调速回路。单向节流平衡回路如图 7.11 所示。

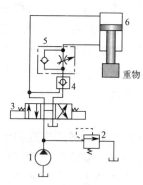

图 7.11　单向节流平衡回路

三、拓展分析

　　试分析图 7.12～图 7.16 的工作原理与特点。

图 7.12　容积节流调速回路　　　　图 7.13　双速回路

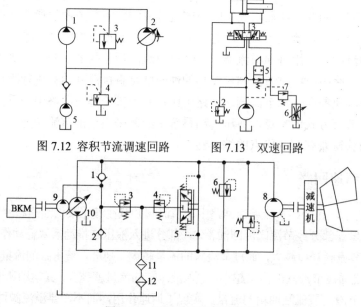

图 7.14　混泥土搅拌车原理图

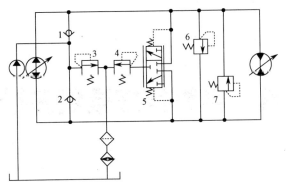

图 7.15　变量泵变量电动机调速回路

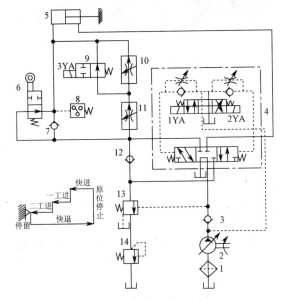

图 7.16　速度换接回路

 思考与练习

（1）液压系统使用流量控制阀的目的是什么？

（2）调速阀与节流阀比较，有哪些优缺点？

（3）液压系统要实现油液流量的稳定控制，应该考虑哪些因素？

（4）试比较液压系统的进油节流调速与回油节流调速的优缺点。

项目八 典型液压系统分析实例

任务一 典型液压系统分析

 教学目标

➤ 熟悉液压泵的基本参数及其工作性能的影响因素。

➤ 熟悉各种液压泵的结构特征和工作原理。

➤ 熟悉几种典型液压泵的维修要点。

➤ 了解液压电动机的结构特征和工作原理。

一、液压系统调试

液压设备安装、循环冲洗合格后，都要对液压系统进行必要的调整试车，使其在满足各项技术参数的前提下，按实际生产工艺要求进行必要的调整，使其在重负荷情况下也能运转正常。

1. 液压系统调试前的准备工作

（1）需调试的液压系统必须在循环冲洗合格后，方可进入调试状态。

（2）液压驱动的主机设备全部安装完毕，运动部件状态良好并经检查合格后，进入调试状态。

（3）控制液压系统的电气设备及线路全部安装完毕并检查合格。

（4）熟悉调试所需技术文件，例如，液压原理图、管路安装图、系统使用说明书、系统调试说明书等。根据以上技术文件，检查管路连接是否正确、可靠，选用的油液是否符合技术文件的要求，油箱内油位是否达到规定高度，根据原理图、装配图认定各液压元件的位置。

（5）清除主机及液压设备周围的杂物，调试现场应有必要明显的安全设施和标志，并由专人负责管理。

（6）参加调试人员应分工明确，统一指挥，对操作者进行必要的培训，必要时配备对讲机，方便联络。

2．液压系统调试步骤

1）调试前的检查

（1）根据系统原理图、装配图及配管图检查并确认每个液压缸由哪个支路的电磁阀操纵。

（2）电磁阀分别进行空载换向，确认电气动作是否正确、灵活，符合动作顺序要求。

（3）将泵吸油管、回油管路上的截止阀开启，泵出口溢流阀及系统中安全阀手柄全部松开；将减压阀置于最低压力位置。

（4）流量控制阀置于小开口位置。

（5）按照使用说明书要求，向蓄能器内充氮。

2）启动液压泵

（1）用手盘动电动机和液压泵之间的联轴器，确认无干涉并转动灵活。

（2）点动电动机，检查判定电动机转向是否与液压泵转向标志一致，确认后连续点动几次，无异常情况后按下电动机启动按钮，液压泵开始工作。

3）系统排气

启动液压泵后，将系统压力调到 1.0MPa 左右，分别控制电磁阀换向，使油液分别循环到各支路中，拧动管道上设置的排气阀，将管道中的气体排出；当油液连续溢出时，关闭排气阀。液压缸排气时可将液压缸活塞杆伸出侧的排气阀打开，电磁阀动作，活塞杆运动，将空气挤出，升到上止点时，并闭排气阀。打开另一侧排气阀，使液压缸下行，排出无杆腔中的空气，重复上述排气方法，直到将液压缸中的空气排净为止。

4）系统耐压试验

系统耐压试验主要是指现场管路，液压设备的耐压试验应在制造厂进行。对于液压管路，耐压试验的压力应为最高工作压力的 1.5 倍。工作压力≥21MPa 的高压系统，耐压试验的压力应为最高工作压力的 1.25 倍。如果系统自身液压泵可以达到耐压值时，可不必使用电动试压泵。升压过程中应逐渐分段进行，不可一次达到峰值，每升高一级时，应保持几分钟，并观察管路是否正常。试压过程中严禁操纵换向阀。

5）空载调试

试压结束后，将系统压力恢复到准备调试状态，然后按调试说明书中规定的内容，分别对系统的压力、流量、速度、行程进行调整与设定，可逐个支路按先手动后电动的顺序进行，其中还包括压力继电器和行程开关的设定。手动调整结束后，应在设备机、电、液单独无负载试车完毕后，开始进行空载联动试车。

6）负载试车

设备开始运行后，应逐渐加大负载，如果情况正常，才能进行最大负载试车。最大负载试车成功后，应及时检查系统的工作情况是否正常，对压力、噪声、振动、速度、温升、液位等进行全面检查，并根据试车要求做出记录。

3．液压系统的验收

液压系统试车过程中，应根据设计内容对所有设计值进行检验，根据实际记录结果判定液压系统的运行状况，由设计、用户、制造厂、安装单位进行交工验收，并在有关文件上签字。

二、液压设备的维护

1. 检修液压系统时的注意事项

（1）系统工作时及停机未泄压时或未切断控制电源时，禁止对系统进行检修，防止发生人身伤亡事故。

（2）检修现场一定要保持清洁，拆除元件或松开管件前应清除其外表面污物，检修过程中要及时用清洁的护盖把所有暴露的通道口封好，防止污染物浸入系统，不允许在检修现场进行打磨、施工及焊接作业。

（3）检修或更换元件时必须保持清洁，不得有砂粒、污垢、焊渣等，可以先漂洗一下，再进行安装。

（4）更换密封件时，不允许用锐利的工具，注意不得碰伤密封件或工作表面。

（5）拆卸、分解液压元件时要注意零部件拆卸时的方向和顺序并妥善保存，不得丢失，不要将其精加工表面碰伤。元件装配时，各零部件必须清洗干净。

（6）安装元件时，拧紧力要均匀适当，防止造成阀体变形，阀芯卡死或接合部位漏油。

（7）油箱内工作液的更换或补充，必须将新油通过高精度滤油车过滤后注入油箱。工作液牌号必须符合要求。

（8）不允许在蓄能器壳体上进行焊接和加工，维修不当可以造成严重事故。如果发现问题应及时送回制造厂修理。

（9）检修完成后，需对检修部位进行确认。无误后，按液压系统调试一节内容进行调整，并观察检修部位，确认正常后，可投入运行。

2. 液压系统常见故障的诊断及消除方法

液压设备是由机械、液压、电气等装置组合而成的，故出现的故障也是多种多样的。某一种故障现象可能由许多因素影响后造成的，因此，分析液压故障必须能看懂液压系统原理图，对原理图中各个元件的作用有一个大体的了解，然后根据故障现象进行分析、判断，针对许多因素引起的故障原因需逐一分析，抓住主要矛盾，才能较好的解决和排除。液压系统中工作液在元件和管路中的流动情况，外界是很难了解到的，所以给分析、诊断带来了较多的困难，因此，要求人们具备较强分析判断故障的能力。在机械、液压、电气诸多复杂的关系中找出故障原因和部位并及时、准确加以排除。

1）简易故障诊断法

简易故障诊断法是目前采用最普遍的方法，它是靠维修人员凭个人的经验，利用简单仪表根据液压系统出现的故障，客观的采用问、看、听、摸、闻等方法了解系统工作情况，进行分析、诊断、确定产生故障的原因和部位，具体做法如下。

（1）询问设备操作者，了解设备运行状况。其中包括液压系统工作是否正常；液压泵有无异常现象；液压油检测清洁度的时间及结果；滤芯清洗和更换情况；发生故障前是否对液压元件进行了调节；是否更换过密封元件；故障前后液压系统出现过哪些不正常现象；过去该系统出现过什么故障，是如何排除的等，需逐一进行了解。

（2）看液压系统工作的实际状况，观察系统压力、速度、油液、泄漏、振动等是否存在问题。

（3）听液压系统的声音，如冲击声；泵的噪声及异常声；判断液压系统工作是否正常。

（4）摸温升、振动、爬行及连接处的松紧程度判定运动部件工作状态是否正常。

总之，简易诊断法只是一个简易的定性分析，对快速判断和排除故障，具有较广泛的实用性。

2）液压系统原理图分析法

根据液压系统原理图分析液压传动系统出现的故障，找出故障产生的部位及原因，并提出排除故障的方法。液压系统图分析法是目前工程技术人员应用最为普遍的方法，它要求人们对液压知识具有一定基础并能看懂液压系统图掌握各图形符号所代表元件的名称、功能、对元件的原理、结构及性能也应有一定的了解，有了这样的基础，结合动作循环表对照分析、判断故障就很容易了。所以，认真学习液压基础知识，掌握液压原理图是故障诊断与排除最有力的助手，也是其他故障分析法的基础，必须认真掌握。

3）其他分析法

液压系统发生故障时，往往不能立即找出故障发生的部位和根源，为了避免盲目性，人们必须根据液压系统原理进行逻辑分析或采用因果分析等方法逐一排除，最后找出发生故障的部位，这就是用逻辑分析的方法查找出故障。为了便于应用，故障诊断专家设计了逻辑流程图或其他图表对故障进行逻辑判断，为故障诊断提供了方便。

3. 系统噪声、振动大的消除方法（见表8.1）

表8.1　系统噪声、振动大的消除方法

故障现象及原因	消除方法
1. 泵中噪声、振动，引起管路、油箱共振	（1）在泵的进、出油口用软管连接。 （2）泵不要装在油箱上，应将电动机和泵单独装在底座上和油箱分开。 （3）加大液压泵，降低电动机转数。 （4）在泵的底座和油箱下面塞进防振材料。 （5）选择低噪声泵，采用立式电动机将液压泵浸在油液中
2. 阀弹簧所引起的系统共振	（1）改变弹簧的安装位置。 （2）改变弹簧的刚度。 （3）把溢流阀改成外部泄油形式。 （4）采用遥控的溢流阀。 （5）完全排出回路中的空气。 （6）改变管道的长短、粗细、材质、厚度等。 （7）增加管夹使管道不致振动。 （8）在管道的某一部位装上节流阀
3. 空气进入液压缸引起的振动	（1）很好地排出空气。 （2）可对液压缸活塞、密封衬垫涂上二硫化钼润滑脂即可
4. 管道内油流激烈流动的噪声	（1）加粗管道，使流速控制在允许范围内。 （2）少用弯头多采用曲率小的弯管。 （3）采用胶管。 （4）油流紊乱处不采用直角弯头或三通。 （5）采用消声器、蓄能器等
5. 油箱有共鸣声	（1）增厚箱板。 （2）在侧板、底板上增设筋板。 （3）改变回油管末端的形状或位置

故障现象及原因	消 除 方 法
6．阀换向产生的冲击噪声	（1）降低电液阀换向的控制压力。 （2）在控制管路或回油管路上增设节流阀。 （3）选用带先导卸荷功能的元件。 （4）采用电气控制方法，使两个以上的阀不能同时换向
7．溢流阀、卸荷阀、液控单向阀、平衡阀等工作不良，引起的管道振动和噪声	（1）适当处装上节流阀。 （2）改变外泄形式。 （3）对回路进行改造。 （4）增设管夹

4．系统压力不正常的消除方法（见表 8.2）

表 8.2　系统压力不正常的消除方法

故障现象及原因		消 除 方 法
压力不足	溢流阀旁通阀损坏	修理或更换
	减压阀设定值太低	重新设定
	集成通道块设计有误	重新设计
	减压阀损坏	修理或更换
	泵、电动机或缸损坏、内泄大	修理或更换
压力不稳定	油中混有空气	堵漏、加油、排气
	溢流阀磨损、弹簧刚性差	修理或更换
	油液污染、堵塞阀阻尼孔	清洗、换油
	蓄能器或充气阀失效	修理或更换
	泵、电动机或缸磨损	修理或更换
压力过高	减压阀、溢流阀或卸荷阀设定值不对	重新设定
	变量机构不工作	修理或更换
	减压阀、溢流阀或卸荷阀堵塞或损坏	清洗或更换

5．系统动作不正常的消除方法（见表 8.3）

表 8.3　系统动作不正常的消除方法

故障现象及原因		消 除 方 法
系统压力正常，执行元件无动作	电磁阀中电磁铁有故障	排除或更换
	限位或顺序装置（机械式、电气式或液动式）不工作或调得不对	调整、修复或更换
	机械故障	排除
	没有指令信号	查找、修复
	放大器不工作或调得不对	调整、修复或更换
	阀不工作	调整、修复或更换
	缸或电动机损坏	修复或更换

续表

故障现象及原因		消 除 方 法
执行元件动作太慢	泵输出流量不足或系统泄漏太大	检查、修复或更换
	油液黏度太高或太低	检查、调整或更换
	阀的控制压力不够或阀内阻尼孔堵塞	清洗、调整
	外负载过大	检查、调整
	放大器失灵或调得不对	调整修复或更换
	阀芯卡涩	清洗、过滤或换油
	缸或电动机磨损严重	修理或更换
动作不规则	压力不正常	见表 8.2 的消除方法
	油中混有空气	加油、排气
	指令信号不稳定	查找、修复
	放大器失灵或调得不对	调整、修复或更换
	传感器反馈失灵	修理或更换
	阀芯卡涩	清洗、滤油
	缸或电动机磨损或损坏	修理或更换

6. 系统液压冲击大的消除方法（见表 8.4）

表 8.4　系统液压冲击大的消除方法

故障现象及原因		消 除 方 法
换向时产生冲击	换向时瞬时关闭、开启，造成动能或势能相互转换时产生的液压冲击	（1）延长换向时间。 （2）设计带缓冲的阀芯。 （3）加粗管径、缩短管路
液压缸在运动中突然被制动所产生的液压冲击	液压缸运动时，具有很大的动量和惯性，突然被制动，引起较大的压力增值故产生液压冲击	（1）液压缸进出油口处分别设置，反应快、灵敏度高的小型安全阀。 （2）在满足驱动力时尽量减少系统工作压力，或适当提高系统背压。 （3）液压缸附近安装囊式蓄能器
液压缸到达终点时产生的液压冲击	液压缸运动时产生的动量和惯性与缸体发生碰撞，引起的冲击	（1）在液压缸两端设缓冲装置。 （2）液压缸进出油口处分别设置反应快，灵敏度高的小型溢流阀。 （3）设置行程（开关）阀

7. 系统油温过高的消除方法（见表 8.5）

表 8.5　系统油温过高的消除方法

故障现象及原因	消 除 方 法
（1）设定压力过高	适当调整压力
（2）溢流阀、卸荷阀、压力继电器等卸荷回路的元件工作不良	改正各元件工作不正常状况
（3）卸荷回路的元件调定值不适当，卸压时间短	重新调定，延长卸压时间

续表

故障现象及原因	消 除 方 法
（4）阀的漏损大，卸荷时间短	修理漏损大的阀，考虑不采用大规格阀
（5）高压小流量、低压大流量时不要由溢流阀溢流	变更回路，采用卸荷阀、变量泵
（6）因黏度低或泵有故障，增大了泵的内泄漏量，使泵壳温度升高	换油、修理、更换液压泵
（7）油箱内油量不足	加油，加大油箱
（8）油箱结构不合理	改进结构，使油箱周围温升均匀
（9）蓄能器容量不足或有故障	换大蓄能器，修理蓄能器
（10）需要安装冷却器，冷却器容量不足，冷却器有故障，进水阀门工作不良，水量不足，油温自动调节装置有故障	安装适当大小的冷却器，修理冷却器的故障，修理　阀门，增加水量，修理调温装置
（11）溢流阀遥控口节流过量，卸荷的剩余压力高	进行适当调整
（12）管路的阻力大	采用适当的管径
（13）附近热源影响，辐射热大	采用隔热材料反射板或变更布置场所；设置通风、冷却装置等，选用合适的工作油液

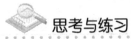 思考与练习

（1）液压系统调试前应做好哪些准备工作？

（2）简述液压系统调试的基本步骤和要点。

（3）液压系统故障诊断的方法有哪些？各自诊断的要点是什么？

项目九　气源系统及气源处理装置

·+·

任务一　压缩空气

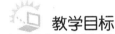 **教学目标**

➤ 熟悉压缩空气的物理性质、污染来源及质量等级评定。

➤ 掌握空气压缩站的组成及各部分作用。

➤ 掌握气源处理装置的组成及作用。

➤ 熟悉气动系统的组成和特点。

➤ 掌握典型元件的图形符号。

由产生、处理和储存压缩空气的设备组成的系统称为气源系统，气源系统为气动装置提供了符合其要求的压缩空气。气源系统一般由气压发生装置、空气净化处理装置及压缩空气传输管道构成。

一、压缩空气的物理性质

1. 空气的组成

地表附近的空气由下列物质组成，氮：78.03%；氧：20.95%；氩：0.93；二氧化碳：0.03%；氢：0.01%；其他气体：0.05%。由于环境的污染，空气中还含有二氧化硫、碳氢化合物等。由于空气中含有水蒸气，因此，又把含有水蒸气的空气称为湿空气，把不含水蒸气的空气称为干空气。

2. 空气的密度

单位体积内所含气体的质量称为密度，用 ρ 表示，单位是 kg/m^3。

$$\rho = m/V \tag{1.1}$$

式中　m——空气的质量，单位是 kg；

　　　V——空气的体积，单位是 m^3。

3. 空气的黏性

分子间因内聚力而阻碍其作相对运动的性质称为黏性。空气的粘性比液体的黏性要小得多。空气的黏性随温度的升高而增大，液体的黏性随温度的升高而减小。

没有粘性的气体称为理想气体，理想气体是不存在的。但可以把黏性较小，其黏性力远小于其他作用力的气体视为理想气体。在气压系统中，理想气体可以使问题的分析大为简化。

4．湿空气

常用湿度和含湿量来表示湿空气中所含水蒸气的程度，而湿度的表示方法又分绝对湿度和相对湿度。

（1）绝对湿度：$1m^3$ 湿空气中所含水蒸气的质量。

（2）饱和绝对湿度：在一定的温度和压力下，$1m^3$ 的湿空气中所含水蒸气的极限质量。

（3）相对湿度：在同温同压下，绝对湿度与饱和绝对湿度之比称为该温度下的相对湿度。

$$相对湿度 = 绝对湿度/饱和绝对湿度×100\% \tag{1.2}$$

人体感觉舒适的相对湿度应在 60%～70%，气动系统中规定各种阀的相对湿度应小于 95%。

（4）露点：保持压力不变，靠降低温度使不饱和湿空气达到饱和状态时的临界温度称为露点。当温度小于露点时，便有水蒸气从湿空气中析出，变成水滴。冷冻干燥法就是利用这个原理去除空气中的水分的。

（5）含湿量：1kg 的干空气中所混合的水蒸气的质量。

二、压缩空气的污染

由于压缩空气中的水分、油污和灰尘等杂质不经处理直接进入管路系统时，会对系统造成不良后果，所以，气压传动系统中所使用的压缩空气必须经过干燥和净化处理后才能使用。压缩空气中的杂质来源主要有以下几个方面。

（1）由系统外部通过空气压缩机等设备吸入的杂质。即使在停机时，外界的杂质也会从阀的排气口进入系统的内部。

（2）系统运行时内部产生的杂质。如湿空气被压缩、冷却就会产生冷凝水；压缩机油在高温下会变质，生成油泥；管道内部产生的锈屑；相对运动件磨损而产生的金属粉末和橡胶细末；密封和过滤材料的细末等。

（3）系统安装和维修时产生的杂质。例如，安装、维修时未清除掉的铁屑、毛刺、纱头、焊接氧化皮、铸砂、密封材料碎片等。

三、空气的质量等级

随着机电一体化程度的不断提高，气动元件日趋精密。气动元件本身的低功率、小型化、集成化，以及微电子、食品和制药等行业对作业环境的严格要求和污染控制，都对压缩空气的质量和净化提出了更高的要求。不同的气动设备，对空气质量的要求不同。空气质量低劣，优良的气动设备也会频繁发生事故，使使用寿命缩短；但对空气质量提出过高的要求，又会增加压缩空气的成本。

表 9.1 为 ISO8573.1 标准以对压缩空气中的固体尘埃颗粒、含水率（以压力露点形式要求）和含油率的要求划分的压缩空气的质量等级。我国采用的 GB/T 13277—1991《一般用压缩空气质量等级》等效采用 ISO8573 标准。

表9.1　压缩空气的质量等级（ISO8573.1）

等　级	最大粒子		压力露点（最大值）/℃	最大含油率/（mg·m³）
	尺寸/µm	浓度/（mg·m³）		
1	0.1	0.1	−70	0.01
2	1	1	−40	0.1
3	5	5	−20	1.0
4	15	8	+3	5
5	40	10	+7	25
6			+10	
7			不规定	

思考与练习

（1）什么是空气的绝对湿度、相对湿度、含湿量和露点？

（2）什么是绝对压力、表压、相对压力、真空度？这四种压力之间有何关系？

（3）常用的压力单位有哪些？相互间如何换算？

任务二　空气压缩站及气源处理装置

一、空气压缩站

对空气进行压缩、干燥、净化，向各个设备提供洁净、干燥的压缩空气的装置称为空气压缩站，简称空压站。空气压缩站是为气动设备提供压缩空气的动力源装置，是气动系统的重要组成部分。对于一个气动系统来说，一般规定：排气量大于或等于 $6\sim12m^3/min$ 时，就应独立设置压缩站；若排气量低于 $6m^3/min$ 时，可将压缩机或气泵直接安装在主机旁。

对于一般的空压站除空气压缩机（简称空压机）外，还必须设置过滤器、后冷却器、油水分离器和储气罐等净化装置如图9.1和图9.2所示，空压站的布局根据对压缩空气的不同要求，可以有多种不同的形式。

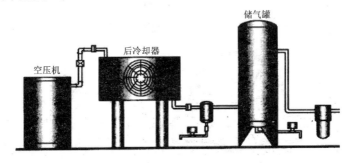

图9.1　压缩空气质量要求一般的空压站

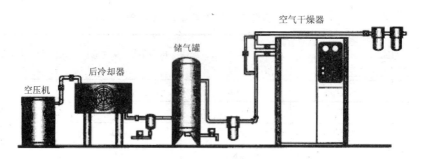

图 9.2 压缩空气质量要求严格的空压站

二、空气压缩机

空气压缩机是气动系统的动力源，它的作用是将电动机输出的机械能转换成压缩空气的压力能供给气动系统使用。

1. 分类

空气压缩机的种类很多，按压力大小的不同可分为低压型（0.2～1.0MPa）、中压型（1.0～10.0MPa）和高压型（＞10.0MPa）三种；按工作原理的不同，又可分为容积型和速度型两种。

在容积型空压机中，气体压力的提高是由于压缩机内部的工作容积被缩小，使单位体积内气体的分子密度增加而形成的；按结构的不同，容积型压缩机又可分为活塞式、膜片式和螺杆式等。容积型空气压缩机工作原理如图 9.3 所示。

在速度型压缩机中，气体压力的提高是由于气体分子在高速流动时突然受阻而停滞下来，使动能转化成压力能而达到的。按结构不同，速度型压缩机又可分为离心式、轴流式等。速度型空气压缩机工作原理如图 9.4 所示。

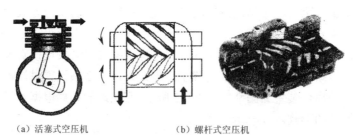

（a）活塞式空压机　　　　　　　（b）螺杆式空压机

图 9.3 容积型空气压缩机工作原理图

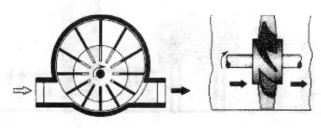

（a）离心式空压机　　　　　　　（b）轴流式空压机

图 9.4 速度型空气压缩机工作原理图

2．工作原理

目前，使用最广泛的是活塞式空气压缩机。单级活塞式空压机通常用于需要 0.3~0.7MPa 压力范围的场合。若压力超过 0.6MPa，其各项性能指标将急剧下降，故往往采用分级压缩以提高输出压力。为了提高效率，降低空气温度，还需要进行中间冷却。以采用二级压缩的活塞式空压机为例，其工作原理如图 9.5 所示。

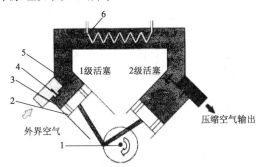

1—转轴；2—活塞；3—缸体；4—吸气阀；5—排气阀；6—中间冷却器

图 9.5　二级活塞式空气压缩机工作原理示意图

活塞式空压机通过转轴带动活塞在缸体内作往复运动，从而实现吸气和压气，以达到提高气压的目的。以图中 1 级活塞为例，当活塞向下运动时，缸体内容积相应增大，气压下降形成真空。大气压将吸气阀顶开，外界空气被吸入缸体；当活塞向上运动，缸体内容积下降，压力升高，使吸气阀关闭，让排气阀打开，将具有一定压力的压缩空气向 2 级活塞输出。这样就完成了一级活塞的一次工作循环，它是由吸气、压缩、排气和膨胀四个过程组成的。输出的压缩空气在经中间冷却器冷却后，由 2 级活塞进行二次压缩，使压力进一步提高，以满足气动系统使用的需要。

3．空压机的选用

选择空压机的主要依据是气动系统的工作压力、流量和一些特殊的工作要求。选择工作压力时，考虑到沿程压力损失，气源压力应比气动系统中工作装置所需的最高压力再增大 20%左右。至于气动系统中工作压力较低的工作装置，则采用减压阀减压供气。空气压缩机的输出流量以整个气动系统所需的最大理论耗气量为依据，再考虑到泄漏等影响后加上一定的余量。

4．使用注意事项

（1）往复式空压机所用的润滑油一定要定期更换，应使用不易氧化和不易变质的压缩机油，防止出现"油泥"。

（2）空气压缩机的周围环境必须清洁、粉尘少、温度低、通风好，以保证吸入空气的质量。

（3）空气压缩机在启动前后应将小气罐中的冷凝水放掉，并定期检查过滤器。

三、后冷却器

空压机输出的压缩空气可以达到 120℃以上，空气中水分完全呈气态。后冷却器的作用就是将空压机出口的高温空气冷却至 40℃以下，将其中大部分水蒸气和变质油污冷凝成液态水滴和油滴，从空气中分离出来。所以，后冷却器底部一般安装有手动或自动排水装置，对冷凝水和油滴等杂质进行及时排放。

后冷却器有风冷式和水冷式两类。

风冷式是通过风扇产生的冷空气吹向带散热片的热空气管道，对压缩空气进行冷却的。

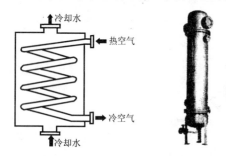

图 9.6　后冷却器的工作原理及实物图

风冷式不需要冷却水设备，不用担心断水或水冻结，占地面积小、重量轻、紧凑、运转成本低、易维修，但只适用于入口空气温度低于 100℃、且需处理空气量较少的场合。

水冷式是通过强迫冷却水沿压缩空气流动方向的反方向流动来进行冷却的，其工作原理如图 9.6 所示。水冷式后冷却器散热面积是风冷式的 25 倍，热交换均匀，分水效率高，故适应于入口空气温度低于 200℃，且需处理空气量较大、湿度大、尘埃多的场合。

四、除油器（油水分离器）

除油器的作用是分离压缩空气中的油分和水分。其工作原理是，当压缩空气进入除油器后产生流向和速度的急剧变化，再依靠惯性作用，将密度比压缩空气大的油滴和水滴分离出来，以净化压缩空气。除油器的结构形式有环形回转式、撞击并折回式、离心旋转式、水浴并旋转离心式等。

五、储气罐

储气罐的主要作用如下所述。

（1）用来储存一定量的压缩空气。一方面可以解决短时间内用气量大于空压机输出气量的矛盾；另一方面可在空压机出现故障或停电时，作为应急气源维持短时间供气，以便采取措施保证气动设备的安全。

（2）减小空压机输出气压的脉动，稳定系统气压。

（3）进一步降低压缩空气温度，分离压缩空气中的部分水分和油分。

应当注意的是，由于压缩空气具有很强的可膨胀性，所以在储气罐上必须设置以下附件。

（1）安全阀。调整极限压力，通常比正常工作压力高 10%。

（2）清理、检查用的孔口。

（3）指示储气罐罐内空气压力的压力表。

（4）储气罐的底部应有排放油水的接管。

六、空气干燥器

压缩空气经后冷却器、油水分离器、储气罐、主管路过滤器和空气过滤器得到初步净化后，仍含有一定量的水蒸气。气压传动系统对压缩空气的含水量要求非常高，如果过多的水分经压缩空气带到各零件上，气压传动系统的使用寿命会明显缩短。因此，安装空气干燥设备是很重要的，这些设备会使系统中的水分含量降低到满足使用要求和零件保养要求的水平，但不能依靠干燥器清除油分。

空气干燥器是吸收和排除压缩空气中水分和部分油分与杂质，使湿空气变成干空气的装置。压缩空气的干燥方法有冷冻法、吸附法、吸收法和高分子隔膜干燥法。目前在工业上常用的是冷冻法和吸附法。

1. 冷冻式干燥器

它是将压缩空气冷却到露点温度以下，使空气中的水蒸气凝结成水滴并将其排出的一种干燥方法。经过干燥处理的空气需要再加热至环境温度后才能输出去供系统使用。此方法适用于处理低压大流量，并对干燥度要求不高的压缩空气。其工作原理如图 9.7 所示，实物图如图 9.8 所示。

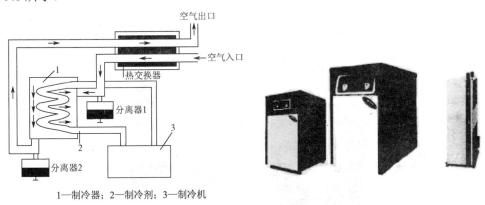

1—制冷器；2—制冷剂；3—制冷机

图 9.7　冷冻干燥器工作原理图　　　　图 9.8　冷冻干燥器实物图

压缩空气进入干燥器后，首先要进入热交换器进行初步冷却。经初步冷却后，一部分水分和油分从空气中分离出来，经分离器 1 排出。随后空气进入制冷器，并被冷却至 2～5℃，其中分离出来的大量水分和油分经分离器 2 排出。冷却后的空气再进入热交换器加热至符合系统要求的温度后输出。

2. 吸附式干燥器

它是利用具有吸附性能的吸附剂吸附空气中水分的一种干燥方法。常用的吸附剂有硅胶、活性氧化铝、焦炭、分子筛等。吸附剂吸附了空气中的水分后达到饱和状态而失效，为了能够连续工作，就必须使吸附剂中的水分再排除掉，使吸附剂恢复到干燥状态，这称为吸附剂的再生。目前吸附剂的再生方法有两种：加热再生和无热再生。

加热再生吸附式干燥器的工作原理如图 9.9 所示，实物图如图 9.10 所示。吸附干燥器有两个装有吸附剂的容器：吸附器 1 和吸附器 2，它们的作用都是吸附从上面流入的潮湿空气中的水分。由于吸附剂在吸附了一定量的水分后会达到饱和状态，而失去吸附作用，所以这两个吸附器是定时交换工作的。通过控制干燥器上的 4 个截止阀的开关，一个吸附器工作的同时，另一个吸附器则通过通入热空气对吸附剂进行加热再生，这样就可以保证系统持续得到干燥的压缩空气。

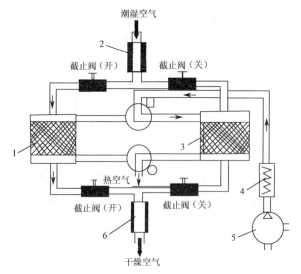

1—吸附器；2—吸附器；3—吸附器；4—加热器；5—鼓风机；6—精密过滤器

图9.9　吸附式干燥器工作原理图

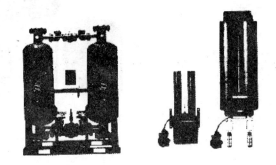

图9.10　吸附干燥器实物图

七、空气过滤器

空气过滤器主要用于除去压缩空气中的固态杂质、水滴和油污等污染物，是保证气动设备正常运行的重要元件。按过滤器的排水方式，可分为手动排水式和自动排水式。

空气过滤器的过滤原理是根据固体物质和空气分子的大小和质量不同，利用惯性、阻隔和吸附的方法将灰尘和杂质与空气分离。其工作原理如图9.11所示。

当压缩空气从左向右通过过滤器时，经过叶珊1导向之后，被迫沿着滤杯2的圆周向下做旋转运动。旋转产生的离心力使较重的灰尘颗粒、小水滴和油滴由于自身惯性的作用与滤杯内壁碰撞，并从空气中分离出来流至杯底沉积起来。其后压缩空气流过滤芯3，进一步过滤掉更加细微的杂质微粒，最后经输出口输出的压缩空气供气动装置使用。为防止气流漩涡卷起存于杯中的污水，在滤芯的下部设有挡水板4。手动排水阀5必须在液位达到挡水板前，定期开启以放掉积存的油、水和杂质。空气过滤器必须垂直安装，压缩空气的进出方向也不可颠倒。空气过滤器的滤芯长期使用后，其通气小孔会逐渐堵塞，使得气流通过能力下降，因此，应对滤芯定期进行清洗或更换。

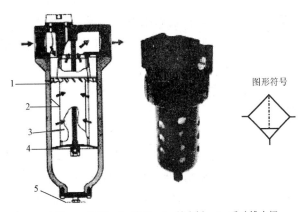

1—叶珊；2—滤杯；3—滤芯；4—挡水板；5—手动排水阀

图 9.11　空气过滤器的工作原理及实物图

八、调压阀（减压阀）

在气动系统中，空压站输出的压缩空气压力一般都高于每台气动装置所需的压力，且其压力波动较大。调压阀的作用是将较高的输入压力调整到符合设备使用要求的压力，并保持输出压力稳定。由于调压阀的输出压力必然小于输入压力，所以调压阀也常称为减压阀。

调压阀的种类很多。按调压方式可分为直动式和先导式两种。直动式调压阀是利用手柄直接调节弹簧来改变输出压力的，而先导式调压阀是用预先调好压力的压缩空气来代替调压弹簧进行调压的。

图 9.12 所示为直动式调压阀的工作原理和实物图。当顺时针方向调节手柄 1 时，调压弹簧 2 被压缩，推动膜片 3、阀芯 4 和弹簧座 6 下移，使阀口 8 开启，减压阀输出口、输入口导通，产生输出。由于阀口 8 具有节流作用，气流流经阀口后压力降低，并从右侧输出口输出。与此同时，有一部分气流通过阻尼管 7 进入膜片下方产生向上的推力。当这个推力和调压弹簧的作用力相平衡时，调压阀就获得了稳定的压力输出。通过旋紧或旋松调节手柄就可以得到不同的阀口大小，也就可以得到不同的输出压力。为了方便调节，经常将压力表直接安装在调压阀的出口。

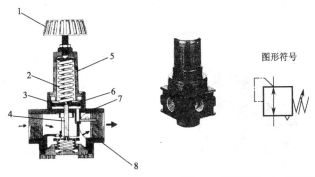

1—手柄；2—调压弹簧；3—膜片；4—阀芯；5—溢流孔；6—下弹簧座；7—阻尼管；8—阀口

图 9.12　直动式调压阀的工作原理及实物图

调压阀的稳压原理是这样的：假设在输出压力调定后，当输入压力升高时，输出压力也相应升高，膜片迅速上移，阀口开度减小，气流经过阀口时的压力损失增大，迫使输出压力即刻下降至调定值；当输入压力降低时，输出压力也相应降低，膜片下移，阀口增大，气流经过阀口时的压力损失减小，输出压力随之升高至调定值。由此可见，无论输入压力如何变化，调压阀的输出压力都可保持与调定值基本相等。

九、油雾器

油雾器是以压缩空气为动力，将润滑油喷射成雾状并混合于压缩空气中，使该压缩空气能对气动元件起润滑作用的一种装置。目前，气动控制阀，汽缸和气电动机主要是靠这种带有油雾的压缩空气来实现润滑的，其优点是方便、干净、润滑质量高。

油雾器的工作原理及实物图如图 9.13 所示。假设压力为 p_1 的气流从左向右流经文氏管后压力降为 p_2，当输入压力 p_1 和 p_2 的压差 $\triangle p$ 大于把油吸到排出口所需压力 ρgh 时，油被吸到油雾器上部，在排气口形成油雾并随压缩空气输送到需润滑的部位。在工作过程中，油雾器油杯中的润滑油位应始终保持在油杯上、下限刻度线之间。油位过低会导致油管露出液面吸不上油；油位过高会导致气流与油液直接接触，带走过多润滑油，造成管道内油液沉积。

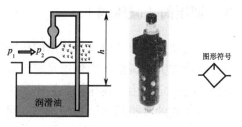

图 9.13　油雾器的工作原理及实物图

但在许多气动应用中是不允许油雾润滑的，如食品、药品、电子等行业。其原因是油雾会影响测量仪的测量精度，所以目前无润滑油技术正在广泛应用。

十、气动三连件

空气过滤器、调压阀、油雾器组合在一起，便构成气动三连件，其顺序不能颠倒。空气过滤器起过滤杂质的作用；调压阀起调压和稳压作用；油雾器起润滑元件的作用。其顺序安排之所以如此，是因为调压阀内部有阻尼小孔和喷嘴，为防止杂质堵塞，在其前端必须配有空气过滤器；而油雾器所喷出的油雾，也不能受调压阀内部阻尼小孔和喷嘴的阻碍，故配置在调压阀的后端。气动三连件一般为组合元件，其剖面结构图及图形符号如图 9.14 所示，其实物图如图 9.15 所示。

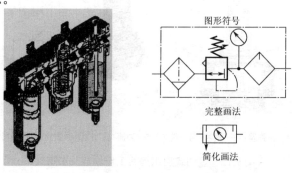

图 9.14　气动三连件的剖面结构图

(a) 有油雾器　　　　　　　　　(b) 无油雾器

图 9.15　气动三连件实物图

 技能链接

空压站设备的设计、安装及维修的初步认识

（1）空压站有多种不同的组合形式，实际使用中应根据生产设备和产品对空气质量的要求对空压站进行合理设计。但要注意空压站内各设备排列顺序是不能颠倒的，按先后顺序应为空压机、后冷却器、油水分离器、储气罐、干燥器、过滤器。

（2）过滤器滤杯中的污水一定要定期排放。如果污水水位过高，就会使污水被气流卷起，反而降低了空气的净化程度。

（3）减压阀在长时间不用时，应拧松其调压旋钮，避免其内部膜片长期在弹簧力作用下产生变形。

（4）对于无润滑的元件，一旦进行了油雾润滑，就不能中断使用，因为润滑油会将元件内部原有的油脂洗去，中断后会造成润滑不良。

（5）气动系统的管接头形式主要有卡箍式管接头，主要适应于棉线编织胶管；卡套式管接头，主要适应于有色金属管、硬质尼龙管；插入式管接头，主要适应于尼龙管、塑料管。

（6）气动元件需要定期检修，所以设备内部配管一般应选用单手即可拆装的快插接头。

 实验操作

（1）拆装空气压缩站，熟记空压站设备的安装顺序。

（2）清楚空压站各元件的类型、实物形状及图形符号的画法。

（3）调节空压机的输出功率。

（4）调节三联件的输出压力。

 思考与练习

（1）试述活塞式空气压缩机的工作原理。

（2）空气压缩站的主要设备有哪些？应如何布置？

（3）空压机在选择时主要考虑哪些因素？

（4）气动三大件由哪三个部件组成，分别有什么作用？它们的图形符号是怎样的？

（5）储气罐在气压系统中有哪些作用？

（6）为什么要设置后冷却器？

任务三　气压传动系统

一、气压传动系统的组成

图 9.16 所示为一个气动系统的回路图。气动三连件 1Z1 用于对压缩空气进行过滤、减压和注入润滑油雾，按钮 1S1、1S2 信号经梭阀 1V2 处理后控制主控换向阀 1V1 切换到左位，使汽缸 1A1 伸出；行程阀 1S3 则在汽缸活塞杆伸出到位后，发出信号控制 1V1 切换回右位，使汽缸活塞缩回。

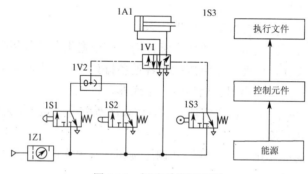

图 9.16　气动系统回路图

由此可见，气压传动系统主要由以下几个部分组成。

1. 能源装置

把机械能转换成流体压力能的装置。主要把空气压缩到原有体积的 1/7 左右形成压缩空气。一般常见的是空气压缩机。

2. 执行装置

把流体的压力能转换成机械能的装置。主要利用压缩空气实现不同的动作，一般指气压缸和气压电动机。

3. 控制调节装置

气压系统中对流体的压力、流量及流动方向进行控制和调节的装置。

4. 辅助装置

指除以上三种装置以外的其他装置。例如，各种管接头、气管、蓄能器、过滤器、压力计等，它们起着连接、储气、过滤、储存压力能、测量气压等辅助作用，对保证气压系统可靠、稳定、持久地工作有着重大作用。

二、气压传动系统的特点

自动化实现的主要方式有机械方式、电气方式、液压方式和气动方式等。这些方式都有各自的优缺点和适应范围。任何一种方式都不是万能的，在对实际生产设备、生产线进行设计和改造时，必须对各种技术进行比较，选出最适合的方式或几种方式的组合，以使设备更简单、更经济，工作更可靠、更安全。综合各方面因素，气动系统之所以能得到如此迅速的发展和广泛应用，是由于它们有如下许多突出的优点。

（1）气动系统执行元件的速度、转矩、功率均可作无极调节，且调节简单、方便。

（2）气动系统容易实现自动化的工作循环。气动系统中，气体的压力、流量和方向控制容易。与电气控制相配合，可以方便地实现复杂的自动控制和远程控制。

（3）气动系统过载时不会发生危险，安全性高。

（4）气动元件易于实现系列化、标准化和通用化，便于设计、制造。

（5）气压传动的工作介质取之不尽，用之不竭，且不易污染。

（6）压缩空气没有爆炸和着火的危险，因此，不需要昂贵的防暴设施。

（7）压缩空气的黏性很小，在输送时压力损失小，因此管道输送容易，且可进行远距离压力输送。

但气动系统也存在如下缺点。

（1）由于泄漏及气体的可压缩性，使它们无法保证严格的传动比。

（2）气压传动所传动的功率较小，气动装置的噪声较大，高速排气时要加消声器。

（3）由于气动元件对压缩空气要求较高，为保证气动元件正常工作，压缩空气必须经过良好的过滤和干燥，不得含有灰尘、水分等杂质。

（4）相对于电信号而言，气动控制远距离传递信号的速度较慢，不适用于需要高速传递信号的复杂回路。

三、气压传动的发展趋势

气动技术由风动技术和液压技术演变、发展而来，作为一门独立的技术门类至今还不到50年。由于气压传动的传动介质是取之不尽的空气，环境污染小，工程实现容易，所以在自动化领域中充分显示出了它强大的生命力和广阔的发展前景。目前，气动技术在机械、电子、钢铁、纺织、轻工、化工、食品、包装、印刷、烟草等各个制造行业，得到了非常广泛的应用，其发展速度大有超过液压传动的趋势，成为当今应用最广、发展最快的传动技术之一。其发展方向应朝以下几个方面努力。

（1）气动元件向节能化、小型化、轻量化方向发展。

在气动技术中，在小功率范围内，小型元件的开发和系列化正在积极地发展，特别是使单个元件向系统化方向发展，正作为小型化、轻量化的主攻方向。如一个组合元件，即可构成包括执行元件在内的一个自成系统，它既具有自动换向、中途停止的功能，又具有调速等功能。

由于气动系统的压力较低，故元件材料选用的自由度较大，现正由铁制品向完全铝合金化过度，并由铝合金化进一步向树脂塑料化方向发展。

（2）气动系统的控制向高精度化发展。

气动技术已发展成包含传动、控制与检测在内的自动化技术，由于工业自动化技术的发展，气动技术以提高系统可靠性、降低总成本为目标，研究和开发气动控制技术和机、电、液相结合的综合性技术，并以电子元件作为系统的信息处理和信息传递的手段来控制各种控制阀。比例电磁阀已进入实用阶段，且可与微机控制直接结合，控制精度大大提高。

技能链接

气压传动和液压传动在实际生产中的应用

（1）液压系统的工作压力可以达到几百个大气压，而气压系统的工作压力一般只有 5～8 个大气压。由此可见，承压能力大是液压传动的最大特点。因此，所有的重型机械均采用液压传动，如常见的挖掘机、推土机、压路机等。

（2）在液压传动系统中，由于油液的压缩量非常小，在通常压力下可以认为不可压缩，可依靠油液的连续性流动进行传动。油液本身有一定吸振能力，在油路中还可以设置液压缓冲装置，故不像机械机构因加工和装配误差而引起振动和撞击，使传动十分平稳，便于实现频繁的换向。

（3）在液压传动系统中，调节液体的流量就可以实现无极调速，并且调速范围很大，可达 200:1 以上。

（4）液压油的黏性远远高于压缩空气，不宜远距离传递能量，所以液压传动的每一台设备都应单独配备液压泵进行供能；而气压传动则可以多台设备共用一个气源进行供能。

（5）气压传动的最大特点就是没有污染，受温度的影响很小，且抗燃防爆。因此，常用于食品机械、罐装机械、轻工机械、纺织机械及冶金机械中。

（6）由于气压传动的工作压力不高，因此，工作时摩擦力的影响相对较大，低速时气动设备易出现爬行现象。因此，低速稳定性要求高的场合不宜采用气压传动。

（7）气压传动中的空气具有很强的可压缩性，定位精度一般只能达到 0.1mm，而液压系统中则可达到 ±1μm。

实验操作

（1）按照图 9.16 所示的气动回路进行连接并检查。

（2）连接无误后，打开气源和电源，观察汽缸运行情况。

（3）对实验中出现的问题进行分析和解决。

（4）实验完成后，将各元件整理好放回原处。

思考与练习

（1）什么是气压传动？

（2）气压传动系统主要由哪几部分组成？

（3）气压传动具有哪些优点和缺点？

项目十 气动执行元件

任务一 气 缸

教学目标

➢ 熟悉气动执行元件的作用和分类。

➢ 熟练掌握常用汽缸的工作原理及调节方法。

➢ 熟悉其他类型汽缸的结构、特点和作用。

➢ 掌握摆动汽缸的种类、工作原理及特点。

➢ 掌握气动电动机的种类、工作原理及特点。

➢ 掌握各种执行元件的图形符号。

在气动系统中将压缩空气的压力能转化为机械能，驱动工作机构做直线往复运动、摆动或者旋转的元件称为执行元件。按运动方式的不同，气动执行元件可分为汽缸、摆动缸和气动电动机。

汽缸是气压传动系统中使用最多的一种执行元件，用于实现往复的直线运动，输出推力和位移。汽缸的种类很多，常见的分类方法有以下几种。

（1）按汽缸活塞的受压状态可分为单作用汽缸和双作用汽缸。

（2）按汽缸的结构特征可分为活塞式汽缸、柱塞式汽缸、薄膜式汽缸。

（3）按汽缸的功能可分为普通汽缸和特殊功能汽缸。

一、单作用汽缸

单作用汽缸只在活塞一侧，可以通入压缩空气使其伸出或缩回，另一侧是通过呼吸孔开放在大气中的，其结构如图 10.1 所示，其实物图如图 10.2 所示。这种汽缸只能在一个方向上做功，活塞的反向动作则靠复位弹簧或者外力来实现。由于压缩空气只能在一个方向上控制汽缸活塞的运动，故称为单作用汽缸。

单作用汽缸的特点如下所述。

（1）由于单边进气，因此结构简单，耗气量小。

（2）缸内安装了弹簧，增加了汽缸的长度，缩短了汽缸的有效行程，其行程受弹簧长度限制。

（3）借助弹簧力复位，使压缩空气的能量有一部分用来克服弹簧张力，减小了活塞杆的输出力；而且输出力的大小和活塞杆的运动速度在整个行程中随弹簧的变形而变化。

因此，单作用汽缸多用于行程较短及对活塞杆输出力和运动速度要求不高的场合。

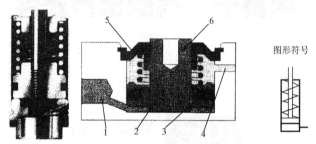

1—进、排气口；2—活塞；3—活塞密封圈；4—呼吸口；5—复位弹簧；6—活塞杆

图 10.1　单作用汽缸结构示意图

图 10.2　单作用汽缸实物图

二、双作用汽缸

双作用汽缸活塞的往复运动是依靠压缩空气从缸内被活塞隔开的两个腔室（有杆腔和无杆腔）交替进入和排出来实现的，压缩空气可以在两个方向上做功。由于汽缸活塞的往复全部靠压缩空气来完成，故称为双作用汽缸，其结构如图 10.3 所示，其实物图如图 10.4 所示。

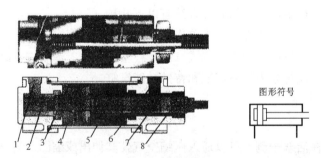

1、6—进、排气口；2—无杆腔；3—活塞；4—密封圈；5—有杆腔；7—导向环；8—活塞杆

图 10.3　双作用汽缸结构示意图

由于没有复位弹簧，双作用汽缸可以获得更长的有效行程和稳定的输出力。但双作用汽缸是利用压缩空气交替作用在活塞上实现伸缩运动的，由于回缩时压缩空气的有效作用面积较小，所以产生的力要小于伸出时的推力。

图 10.4　双作用汽缸实物图

三、缓冲汽缸

在利用汽缸进行长行程或重负荷工作时，当汽缸活塞接近行程末端时仍具有较高的速度，可能造成对端盖的损害性冲击。为了避免这种现象，应在汽缸的两端设置缓冲装置。缓冲装置的作用是当汽缸行程接近末端时，减缓汽缸活塞的运动速度，防止活塞对端盖的高速撞击。

1. 缓冲汽缸

在端盖上设置缓冲装置的汽缸称为缓冲汽缸，否则称为无缓冲汽缸。缓冲装置主要由节流阀、缓冲柱塞和缓冲密封圈组成。

如图 10.5 所示，缓冲汽缸接近行程末端时，缓冲柱塞阻断了空气直接流向外部的通道，使空气只能通过一个可调节的节流阀排出。由于空气排出受阻，使活塞运动速度下降，避免了活塞对端盖的高速撞击。缓冲汽缸又可分为可调缓冲汽缸（节流阀开度可调）和不可调缓冲汽缸（节流阀开度不可调）。

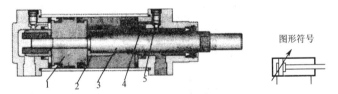

1—活塞；2—缓冲柱塞；3—活塞杆；4—缓冲密封圈；5—可调节流阀

图 10.5　缓冲汽缸结构示意图

2. 缓冲器

对于运动质量大、运动速度很高的汽缸，如果汽缸本身的缓冲能力不足，则仍会对汽缸端盖和设备造成损害。为避免这种损害，应在汽缸外部另外设置缓冲器来吸收冲击能。

常用的缓冲器有弹簧缓冲器、气压缓冲器和液压缓冲器。弹簧缓冲器是利用弹簧压缩产生的弹力来吸收冲击时的机械能；气压和液压缓冲器都是主要通过气流或液流的节流流动来将冲击能转化为热能，其中液压缓冲器能承受高速冲击，缓冲性能较好。

弹簧缓冲器如图 10.6 所示。

图 10.6　弹簧缓冲器剖面结构及实物图

四、其他类型汽缸

1．无杆汽缸

顾名思义，无杆汽缸就是没有活塞杆的汽缸，它利用活塞直接或间接带动负载来实现往复运动。由于没有活塞杆，汽缸可以在较小的空间中实现更长的行程运动。无杆汽缸主要有机械耦合（见图10.7）、磁性耦合（见图10.8）等结构形式。

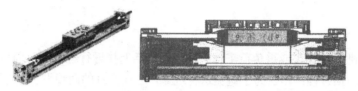

图 10.7　机械耦合式无杆汽缸剖面结构及实物图

图 10.8　磁性耦合式无杆汽缸剖面结构及实物图

2．双活塞杆汽缸

双活塞杆汽缸有两个活塞杆。在双活塞杆汽缸中通过连接板将两个并列的活塞杆连接起来，在定位和移动工具或零件时，这种结构可以抗扭转。与相同缸径的标准汽缸相比，双活塞杆汽缸可以获得 2 倍的输出力，其实物图如图 10.9 所示。

图 10.9　双活塞杆汽缸实物图

3．双端单活塞杆汽缸

这种汽缸的活塞两端都有活塞杆，活塞两侧受力面积相等，即汽缸的推力和拉力是相等的。双端单活塞杆汽缸也称双出杆汽缸，如图10.10（a）所示。

(a) 双端单活塞杆气缸　　　　　　　　(b) 双端双活塞杆气缸

图 10.10　双端单活塞杆汽缸与双端双活塞杆汽缸实物图

4．双端双活塞杆汽缸

这种汽缸活塞两端都有两个活塞杆。在这种汽缸中，通过两个连接板将两个并列的双端活塞杆连接起来，以获得良好的抗扭转性。与相同缸径的标准汽缸相比，这种汽缸可以获得2倍的输出力，如图 10.10（b）所示。

5．导向汽缸

如图 10.11 所示，导向汽缸是由一个标准双作用汽缸和一个导向装置组成的。其特点是结构紧凑、坚固，导向精度高，并能抗扭矩，承载能力强。导向汽缸的驱动单元和导向单元被封闭在同一外壳内，并可根据具体要求选择安装滑动轴承或滚动轴承。

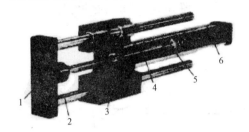

1—端板；2—导杆；3—滑动轴承或滚动轴承；4—活塞杆；5—活塞；6—缸体

图 10.11　导向汽缸结构图

6．多位汽缸

由于压缩空气具有很强的可压缩性，所以汽缸本身不能实现精确定位。将缸径相同但行程不同的两个或多个汽缸连接起来，使组合后的汽缸具有三个或三个以上的精确停止位置，这种类型汽缸称为多位汽缸，如图 10.12 所示。

图 10.12　多位汽缸实物图

7．气囊汽缸

气囊汽缸是通过对一节或多节具有良好伸缩性的气囊进行充气加压和排气来实现对负载的驱动的。气囊汽缸既可以作为驱动器也可以作为气弹簧来使用。通过给汽缸加压或排气，该汽缸可作为驱动器来使用；如果保持气囊汽缸的充气状态，就成了一个气弹簧。

图 10.13　气囊汽缸实物图

这种汽缸的结构简单，由两块金属板扣住橡胶气囊而成，如图 10.13 所示。气囊汽缸为单作用动作方式，无须复位弹簧。

8．气动肌腱

气动肌腱是一种新型的气动执行机构，它由一个柔性软管构成的收缩系统和连接器组

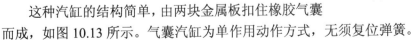

成,如图 10.14 所示,当压缩气体进入柔性管时,气动肌腱就在径向上扩张,长度变短,产生拉伸力,并在径向有收缩运动。气动肌腱的最大行程可达到其额定长度的 25%,可产生比传统气动驱动器动力大 10 倍的力,由于其具有良好的密封性,可以不受污垢、沙子和灰尘的影响。

图 10.14　气动肌腱实物图

9. 气动手指

气动手指又称气爪,可以实现各种抓取功能,是现代气动机械手中的一个重要部件。气动手指能实现双向抓取、自动对中,并可安装无接触式位置检测元件,有较高的重复精度。其主要类型有平行手指汽缸、摆动手指汽缸、旋转手指汽缸和三点手指汽缸等。

1)平行气爪

平行气爪的剖面结构和实物图如图 10.15 所示,通过两个活塞工作,通常让一个活塞受压,另一个活塞排气实现手指移动。平行气爪的手指只能轴向对心移动,不能单独移动手指。

图 10.15　平行气爪剖面结构与实物图

2)摆动气爪

摆动气爪通过一个带环形槽的活塞杆带动手指运动。由于气爪手指耳环始终与环形槽相连,所以手指移动能实现自动对中,并保证抓取力矩的恒定,其剖面结构与实物图如图 10.16 所示。

图 10.16　摆动气爪剖面结构与实物图

3)旋转气爪

旋转气爪是通过齿轮齿条来进行手指运动的。齿轮齿条可使气爪手指同时移动并自动对中,并确保抓取力的恒定,其剖面结构与实物图如图 10.17 所示。

图 10.17　旋转气爪剖面结构与实物图

4）三点气爪

三点气爪通过一个带环形槽的活塞带动三个曲柄工作。每个曲柄与一个手指相连，因而使手指打开或闭合，其剖面结构与实物图如图 10.18 所示。

图 10.18　三点气爪剖面结构与实物图

 技能链接

汽缸的安装、调试和维修

（1）汽缸相对运动的配合处都装有密封圈，在安装和使用时活塞杆只能承受拉力或压力载荷，不允许承受偏心或径向载荷，否则会造成密封圈局部磨损而导致汽缸失效。

（2）汽缸缓冲效果的计算目前尚无精确方法，因此，必须根据实际情况进行调节。

（3）汽缸的外泄漏主要是由于活塞杆偏心、活塞杆与密封衬套的配合面内有杂质及密封圈损坏等原因引起的。

（4）汽缸的内泄漏主要是由于活塞密封圈损坏、活塞配合面有缺陷、杂质挤入密封圈及润滑不良，活塞被卡住等原因造成的。

（5）汽缸的缓冲失效主要是由于缓冲部分的密封圈密封性能差、缓冲调节螺钉损坏及汽缸速度太快等原因引起的。

 实验操作

（1）在实验台上认识和了解各种汽缸的工作原理，尤其是普通汽缸的工作原理、缓冲式汽缸的工作原理及调节方法。

（2）认清各种汽缸的图形符号。

（3）能根据实际需要，合理、正确地选择所需汽缸。

 思考与练习

（1）什么是气动执行元件？根据运动方式不同可以分为哪几类？

（2）单作用汽缸和双作用汽缸在结构上有什么不同？各有什么特点？

（3）缓冲汽缸是如何实现行程末端的减速缓冲的？

任务二　摆动汽缸和气动电动机

一、摆动汽缸

摆动汽缸是利用压缩空气驱动输出轴在小于 360°的角度范围内的作往复摆动的气动执行元件，多用于物体的转位、工件的翻转、阀门的开闭等场合。

1. 叶片式摆动汽缸

叶片式摆动汽缸是利用压缩空气作用在缸体内的叶片上来带动回转轴实现往复摆动的。当压缩空气作用在叶片的一侧，叶片另一侧排气，叶片就会带动转轴向一个方向转动；改变气流方向就能实现叶片转动的反向。叶片式摆动汽缸具有结构紧凑、工作效率高的特点，常用于工件的分类、翻转、夹紧。

叶片式摆动汽缸可分为单叶片式和双叶片式两种。单叶片式输出轴转角大，可以实现小于 360°的往复摆动，其剖面结构及实物图如图 10.19 所示；双叶片式输出轴转角小，只能实现小于 180°的摆动。通过挡块装置可以对摆动汽缸的摆动角度进行调节。

摆动角度调节挡块

1—转轴；2—叶片

图 10.19　单叶片式摆动汽缸剖面结构及实物图

2. 齿轮齿条式摆动汽缸

如图 10.20 所示，齿轮齿条式摆动汽缸是利用气压推动活塞带动齿条作往复直线运动，齿条带动与之啮合的齿轮作相应的往复摆动，并由齿轮轴输出转矩。这种摆动汽缸的回转角度不受限制，可超过 360°（实际使用一般不超过 360°），但不宜太大，否则齿条太长，给加工带来困难。齿轮齿条式摆动汽缸有单齿条和双齿条两种结构。

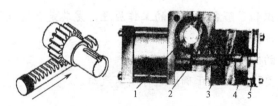

1—齿轮；2—齿条；3—活塞；4—缸体；5—端位缓冲

图 10.20　齿轮齿条式摆动汽缸工作原理及剖面结构

二、气动电动机

气动电动机是将压缩空气的压力能转换为连续旋转运动的气动执行元件。其作用相当于电动机或液压电动机，即输出力矩带动结构做旋转运动。气动电动机按结构形式可分为叶片式、活塞式和薄膜式，目前应用最广泛的是叶片式和活塞式。

1. 叶片式气动电动机

如图 10.21 所示，叶片式气动电动机主要由定子、转子和叶片组成。压缩空气由输入口进入，作用在工作腔两侧的叶片上。由于转子偏心安装，气压作用在两侧叶片上的转矩不等，使转子旋转。转子转动时，每个工作腔的容积在不断变化。相邻两个工作腔存在压力差，这个压力差进一步推动转子的转动。做功后的气体从输出口输出。如果调换压缩空气的输入和输出方向，就可让转子反向旋转。

1—叶片；2—转子；3—工作腔；4—定子

图 10.21　叶片式气动电动机剖面结构及实物图

叶片式气动电动机体积小、重量轻、结构简单，但耗气量较大，一般用于中小容量、高转速的场合。

2. 活塞式气动电动机

活塞式气动电动机是一种通过曲柄或斜盘将多个汽缸活塞的输出力转换为回转运动的气动电动机。活塞式气动电动机为达到力的平衡，汽缸数目大多为偶数。汽缸可以径向配置和轴向配置，称为径向活塞式气动电动机和轴向活塞式气动电动机。在如图 10.22 所示的径向活塞式气动电动机剖面结构中，5 个汽缸均匀分布在气动电动机壳体的圆周上，5 个连杆都装在同一个曲轴的曲拐上。压缩空气顺序推动各汽缸活塞伸缩，从而带动曲轴连续旋转。

活塞式气动电动机有较大的启动力矩和功率，但结构复杂、成本高，且输出力矩和速度必然存在一定的脉动，主要用于低速大转矩的场合。

1—汽缸；2—连杆；3—曲轴；4—活塞

图 10.22　径向活塞式气动电动机剖面结构及实物图

技能链接

气动电动机和液压电动机的比较

气动电动机和液压电动机相比，具有以下特点。

（1）由于气动电动机的工作介质是压缩空气，以及它本身结构上的特点，因此，具有良好的防爆、防潮和耐水性，不受振动、高温、电磁辐射等影响，可在高温、潮湿、高粉尘等恶劣环境下工作。

（2）气动电动机具有结构简单，体积小，重量轻，操纵容易，维修方便等特点，且不会造成污染。

（3）气动电动机有很宽的功率和速度调节范围。其功率小到几百瓦，大到几万瓦，转速可以为 0～25000r/min 或更高。通过对流量的控制即可非常方便地达到调节功率和速度的目的。

（4）正反转实现方便。只要改变进气排气方向就能实现正反转换向，而且回转部分惯性小，且空气本身的惯性也小，所以能快速地启动和停止。

（5）具有过载保护性能。在过载时气动电动机只会降低速度或停车，当负载减小时即能重新正常运转，不会因过载而烧毁。

（6）气动电动机能长期满载工作，由于压缩空气的绝热膨胀的冷却作用，能降低滑动摩擦部分的发热，因此，气动电动机能在高温环境下运行，其温升较小。

（7）气动电动机，特别是叶片式电动机转速高，零部件磨损快，需及时检修、清洗或更换零部件。

（8）气动电动机还具有输出功率小、效率低、噪声大和易产生振动等缺点。

 实验操作

（1）在实训台上认识和了解叶片式摆动汽缸及齿轮齿条式摆动汽缸，弄清它们的工作原理，熟记摆动汽缸的图形符号。

（2）在实训台上认识和了解叶片式气动电动机及活塞式气动电动机，弄清它们的工作原理，熟记气动电动机的图形符号。

（3）能根据实际需要正确、合理地选择所需的摆动汽缸和气动电动机。

 思考与练习

（1）什么是摆动汽缸？叶片式摆动汽缸和齿轮齿条式摆动汽缸的工作原理是什么？

（2）什么是气动电动机？叶片式气动电动机和活塞式气动电动机的工作原理是什么？

项目十一 方向控制回路

任务一 方向控制阀

 教学目标

➤ 熟悉单向阀的结构及工作原理。

➤ 掌握换向阀的工作原理、操纵方式及表示方法。

➤ 熟练掌握绘制气动控制回路图所要遵循的规则。

➤ 掌握气动所需的电气控制元件的工作原理。

➤ 牢固掌握电气控制回路图的绘制方法。

➤ 熟悉直接控制与间接控制的定义和特点。

在气动基本回路中，最基本的任务是气动执行元件运动方向的控制，只有执行元件的运动方向符合要求了，才有可能对其速度和压力作进一步控制和调节。

用于通断气路或改变气流方向，从而控制气动执行元件启动、停止和换向的元件称为方向控制阀。方向控制阀主要有单向阀和换向阀两种。

一、单向阀

单向阀是用来控制气流方向，使之只能单向通过的方向控制阀。

如图 11.1 所示，气体只能从左向右流动，反向时单向阀内的通路会被阀芯封闭。在气压传动系统中单向阀一般和其他控制阀并联，使之只在某一特定方向上起控制作用。

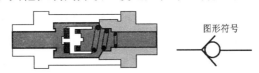

图 11.1 单向阀工作原理图及图形符号

二、换向阀

用于改变气体通道，使气体流动方向发生变化从而改变气动执行元件的运动方向的元件称为换向阀。换向阀按操纵方式分主要有人力操纵控制、机械操纵控制、气压操纵控制和电磁操纵控制四类。

1. 人力操纵换向阀

依靠人力对阀芯位置进行切换的换向阀称为人力操纵控制换向阀，简称人控阀。人控阀又可分为手动阀和脚踏阀两类。常用的手动换向阀的工作原理如图 11.2 所示。

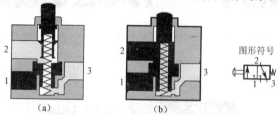

图 11.2　手动换向阀工作原理图

人力操纵换向阀与其他控制方式相比，使用频率较低，动作速度较慢。因操纵力不宜太大，所以阀的通径较小，操纵也比较灵活。在直接控制回路中，人力操纵换向阀用来直接操纵气动执行元件，用做信号阀。人控阀的常用操控结构如图 11.3 所示。

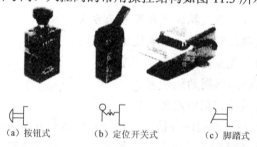

（a）按钮式　　　（b）定位开关式　　　（c）脚踏式

图 11.3　人控阀常用操控结构实物图

2. 机械操纵换向阀

机械操纵换向阀是利用安装在工作台上的凸轮、撞块或其他机械外力来推动阀芯动作实现换向的换向阀。由于它主要用来控制和检测机械运动部件的行程，所以一般也称行程阀。行程阀常见的操控方式有顶杆式、滚轮式、单向滚轮式等，其换向原理与手动换向阀类似。

顶杆式是利用机械外力直接推动阀杆的头部使阀芯位置变化来实现换向的。滚轮式头部安装滚轮可以减小阀杆所受的侧向力。单向滚轮式行程阀常用来排除回路中的障碍信号，其头部滚轮是可折回的。如图 11.4 所示，单向滚轮式行程阀只有在凸块从正方向通过滚轮时，才能压下阀杆发生换向；反向通过时，滚轮式行程阀不换向，行程阀实物图如图 11.5 所示。

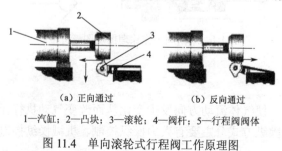

（a）正向通过　　　　　　（b）反向通过

1—汽缸；2—凸块；3—滚轮；4—阀杆；5—行程阀阀体

图 11.4　单向滚轮式行程阀工作原理图

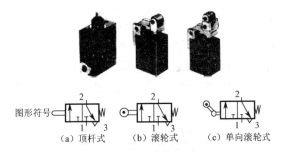

图形符号 (a) 顶杆式   (b) 滚轮式   (c) 单向滚轮式

图 11.5 行程阀实物图

3. 气压操纵换向阀

气压操纵换向阀是利用气体压力来实现换向的，简称气控阀。根据控制方式的不同可分为加压控制、卸压控制和差压控制三种。

加压控制是指控制信号的压力上升到阀芯动作时，主阀换向，是最常用的气控阀；卸压控制是指所加的气压控制信号减小到某一压力值时阀芯动作，主阀换向；差压控制是利用换向阀两端气压有效作用面积的不等，使阀芯两侧产生压力差来使阀芯动作实现换向的。常用加压控制气控阀的工作原理如图 11.6 和图 11.7 所示。

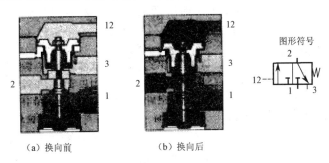

(a) 换向前   (b) 换向后

图 11.6 单端气控弹簧复位二位三通换向阀工作原理图

在图 11.6 中可以看到，阀的开启和关闭是通过在气控口 12 加上或撤销一定压力的气体，使大于管道直径的圆盘形阀芯在阀体内移动来进行控制的，这种结构的换向阀称为截止式换向阀。截止式换向阀主要有以下特点。

（1）用很小的移动量就可以使阀完全开启，阀流通能力强，因此便于设计成紧凑的大流量阀。

（2）抗粉尘和污染能力强，对空气的过滤精度及润滑要求不高，适用于环境比较恶劣的场合。

（3）当阀口较多时，结构太复杂，所以一般用于三通或二通阀。

（4）因为有阻碍换向的背压存在，阀芯关闭紧密，泄漏量小，但换向阻力也较大。

图 11.7 所示换向阀的换向是通过在气控口 12 或气控口 14 加上一定压力的气体，使圆柱形阀芯在阀套内做轴向运动来实现的，这种结构的换向阀称为滑阀式换向阀。滑阀式换向阀主要有以下特点。

（1）换向行程长，即阀门从完全关闭到完全开启所需的时间长。

（2）切换时没有背压阻力，所需换向力小，动作灵敏。

（3）结构具有对称性，作用在阀芯上的力保持平衡，阀容易实现记忆功能，即控制信号在换向阀换向完成后即使消失，阀芯仍能保持当前位置不变。

（4）阀芯在阀体内滑动，对杂质敏感，对气源处理要求高。

（5）通用性强，易设计成多位多通阀。只要稍微改变阀套或阀芯的尺寸、形状就能实现机能的改变。

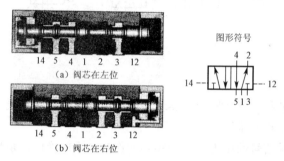

图形符号

（a）阀芯在左位

（b）阀芯在右位

图 11.7　双端气控二位五通换向阀工作原理图

4．电磁操纵换向阀

电磁操纵换向阀是利用电磁线圈通电时所产生的电磁吸力，使阀芯改变位置来实现换向的，简称电磁阀。电磁阀能够利用电信号对气流方向进行控制，使得气压传动系统可以实现电气控制，是气动控制系统中最重要的元件。

电磁换向阀按操作方式不同可分为直动式和先导式两种，其表示方法如图 11.8 所示。

单侧电磁控制（直动式）

双侧电磁控制（直动式）

先导式电磁控制（带手控）

电磁阀线圈

图 11.8　电磁换向阀操控方式的表示方法

1）直动式电磁换向阀

直动式电磁换向阀是利用电磁线圈通电时，静铁芯对动铁芯产生的电磁吸力直接推动阀芯移动实现换向的。

2）先导式电磁换向阀

直动式电磁换向阀由于阀芯的换向行程受电磁吸合行程的限制，只适合于小型阀。先导式电磁阀则由直动式电磁阀（导阀）和气控换向阀（主阀）两部分构成。当直动式电磁阀在线圈得电后，导通产生先导气压。先导气压再来推动大型气控换向阀阀芯动作，实现换向，工作原理如图 11.9 所示，实物图如图 11.10 所示。

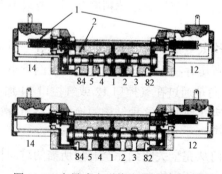

图 11.9　先导式电磁换向阀工作原理图

图 11.10　先导式电磁换向阀实物图

5．换向阀的表示方法

换向阀换向时各接口间有不同的通断位置，换向阀这些位置和通路符号的不同组合就可以得到各种不同功能的换向阀，常用换向阀的图形符号如图 11.11 所示。

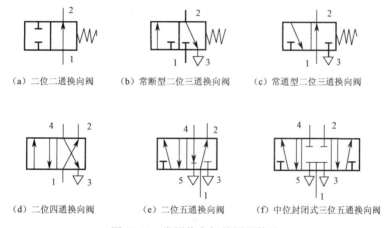

（a）二位二通换向阀　　（b）常断型二位三通换向阀　　（c）常通型二位三通换向阀

（d）二位四通换向阀　　（e）二位五通换向阀　　（f）中位封闭式三位五通换向阀

图 11.11　常用换向阀的图形符号

（1）图形符号中有几个方格就表示有几"位"，"位"指的是为了改变流体方向，阀芯相对于阀体所具有的不同的工作位置。

（2）图形符号中某位上有几个通口即为几"通"，"通"指的是换向阀与系统相连的通口。

（3）"┰"和"┸"表示该通口封闭。

（4）为便于接线，换向阀的接口应进行标号，按 DLN ISO5599 所确定的规则，标号方法如下。

"1"压缩空气输入口

"3、5"排气口

"2、4"信号输出口

"12"使接口 1 和 2 导通的控制管路接口

"14"使接口 1 和 4 导通的控制管路接口

"10"使阀门关闭的控制管路接口

标号举例如图 11.12 所示。

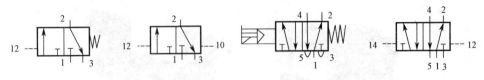

图 11.12 换向阀接口标号示例

 技能链接

双稳换向阀

在全气动控制回路中，直接控制执行元件换向的主控阀一般都采用双稳阀，双稳阀是双端气控操纵或双端电磁操纵的换向阀，它具有以下特征。

（1）双稳阀可以是二通、三通、四通或五通，但它必须只能是两位。

（2）双稳阀的两端不能有复位弹簧。正因为没有复位弹簧，双稳阀才具有记忆功能，即当控制信号将其切换到某状态时，即使该信号消失，阀芯也能保持该状态不变，直到另一端信号输入时，它才会从一种稳态切换到另一种稳态。

（3）当一端气控口得到信号时，另一端气控口的信号必须消失（通排气口），否则另一端的信号就是障碍信号，它将阻碍双稳阀的换向。

 实验操作

（1）在实训台上认识和了解各种方向控制阀的工作原理。

（2）熟练掌握各种方向控制阀的图形符号。

（3）能根据实际需要，合理、正确地选择所需的方向控制阀。

 思考与练习

（1）什么是方向控制阀？单向阀和换向阀各有什么功能？

（2）换向阀有哪些操控方式，分别是如何实现换向的？

（3）换向阀的"通"和"位"分别代表什么含义？在图形符号中是如何表达的？

任务二 方向控制回路

一、气动控制回路图

用图形符号来表示气动系统中的各个元件及其功能，并按设计需要进行组合，以构成对一个实际控制问题的解决方案，这就构成了气动系统的回路图。图 9.14 就是一个气动回路图。

气动控制回路图的绘制是整个气动控制系统设计的核心部分。气动控制回路图的绘制应符合一定的规范。

（1）气动回路图中的元件应按照《液压与气动图形符号》（GB786—1993）进行绘制。

（2）气动回路图中应包括全部执行元件、主控阀和其他实现该控制回路的控制元件。

（3）回路图除特殊需要，一般不画出具体控制对象及发信装置的实际位置布置情况。

（4）气动回路图应表示整个控制回路处于工作程序最终节拍结束时的静止位置（初始位置）的状态。如果汽缸最后一个动作是活塞杆的伸出，回路图中就应将该汽缸按其活塞杆伸出的状态画出。

（5）为方便阅读，气动回路图中元件的图形符号应按能源左下，按顺序各控制元件从下往上、从左到右，执行元件在回路图上部按从左到右的原则布置。

（6）管线在绘制时尽量用直线，避免交叉，连接处用黑点表示。

（7）为了方便气动回路的设计和分析，可以对气动回路中的各元件进行编号，在编号时不同类型的元件所用的代表字母也应遵循一定的规则：

泵和空压机——P；执行元件——A；电动机——M；传感器——S；阀——V；其他元件——Z（或用除上面提到的其他字母）。

二、直接控制与间接控制

1．直接控制与间接控制的定义

如图 11.13（a）所示，通过人力或机械外力直接控制换向阀换向来实现执行元件动作控制，这种控制方式称为直接控制。间接控制则指的是执行元件由气控换向阀来控制动作，人力、机械力等外部输入信号只是用来控制气控阀的换向，不直接控制执行元件动作，如图 11.13（b）所示。

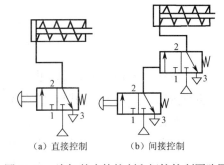

（a）直接控制　　　（b）间接控制

图 11.13　汽缸的直接控制和间接控制回路图

2．直接控制与间接控制的特点

直接控制所用元件少，回路简单，主要用于单作用汽缸或双作用汽缸的简单控制，但无法满足换向条件比较复杂的控制要求；而且由于直接控制是由人力和机械外力直接操控换向阀换向的，操作力较小，只适合于所需气流量和控制阀的尺寸相对较小的场合。

间接控制主要用于下面两种场合：

（1）控制要求比较复杂的回路；

（2）高速或大口径执行元件的控制。

三、电气控制回路

利用气动控制元件对气动执行元件进行运动控制的回路称为全气动控制回路，简称气动控制回路。一般适用于需耐水，有高防爆、防火要求，不能有电磁噪声干扰的场合及元件较少的小型气动系统。

而在实际气动系统中，由于回路一般都比较复杂或者系统中除了有气动执行元件外，还有电动机、液压缸等其他类型的执行元件，所以大多采用电气控制方式。这样不仅能对不同类型的执行元件进行集中统一控制，也可以较方便地满足比较复杂的控制要求和实现远程控制。此外电信号的传递速度也要远远高于气压信号的传递速度，控制系统可以获得更高的响应速度。

气动系统的电气控制回路的设计思想、方法与其他系统的电气控制回路设计思想、方法是基本相同的，所用电气控制元件也基本相同。

1. 基本电气控制元件

（1）按钮　按钮是一种最基本的主令电器，如图 11.14 所示，它是通过人力来短时接通或断开电路的电气元件。按触点形式不同它可分为动合按钮、动断按钮和复合按钮。

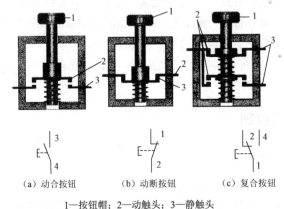

（a）动合按钮　　（b）动断按钮　　（c）复合按钮

1—按钮帽；2—动触头；3—静触头

图 11.14　按钮工作原理图

动合按钮：无外力作用时，触点断开；有外力作用时，触点闭合。

动断按钮：无外力作用时，触点闭合；有外力作用时，触点断开。

复合按钮：既有动合触点，又有动断触点。

（2）电磁继电器　电磁继电器在电气控制系统中起控制、放大、连锁、保护和调节的作用，是实现控制过程自动化的重要元件，其工作原理如图 11.15 所示。电磁继电器的线圈 2 通电后，所产生的电磁吸力克服释放弹簧 1 的反作用力使铁芯 6 和衔铁 3 吸合。衔铁 3 带动动触头 4，使其和静触头 5 分断，和静触头 5 闭合。线圈 2 断电后，在释放弹簧 1 的作用下，衔铁 3 带动动触头 4 与静触头 5 分断，与静触头 5 再次恢复闭合状态。

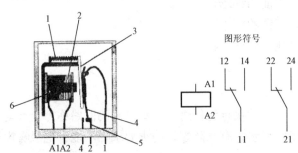

1—释放弹簧；2—线圈；3—衔铁；4—动触头；5—静触头；6—铁芯

图 11.15　电磁继电器工作原理图

2．电气控制回路图

电气控制回路图包括两张图，第一张图是气动控制图，简称气控图；第二张图是电气控制图，简称电控图。

在电气控制回路图的气控图中，直接控制执行元件运动的主控阀是电磁阀，电磁线圈的电路通断将控制电磁阀的位置切换，而电磁阀的位置切换又将操纵执行元件的运动方向。因此，电气控制回路图中的电控图的主要任务就是根据系统要求，控制电磁阀线圈的电路通断，使电磁阀正常切换，从而操纵执行元件按预定程序进行动作。电控图也可采用直接控制或间接控制。直接控制就是用电气按钮直接控制电磁阀线圈的通断电，回路简单；间接控制就是用电气按钮控制电磁继电器线圈的通断电，继电器触点控制电磁阀线圈的通断电，回路比较复杂，但继电器所提供的多对触点，可使回路具有良好的扩展性。

四、实例：零件转运装置的回路设计

如图 11.16 所示，利用一个汽缸将某方向传送装置送来的木料推送到与其垂直的传送装置上做进一步加工。通过一个按钮使汽缸活塞杆伸出，将木料推出；松开按钮，汽缸活塞杆缩回。试根据上述要求，设计该装置的控制回路。

对于这个课题应根据木块大小，确定汽缸活塞的行程大小。对于行程较小的，可以采用单作用汽缸；行程如果较长，就应该采用双作用汽缸。由于该装置所用的元件少，回路简单，又没有防火、防爆的特殊要求，因此，既可以采用直接控制，也可

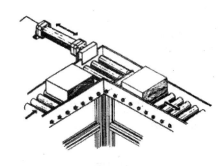

图 11.16 零件转运装置示意图

以采用间接控制；既可以采用全气动控制回路，也可以采用电气控制回路。

1．全气动控制回路

通俗地讲，没有电磁阀参与的回路就称为全气动控制回路，简称气动控制回路。因此在气动控制回路中，直接控制执行元件运动的主控阀是气控阀。其他的控制元件如行程阀、按钮阀等，都是用来控制主控阀的位置切换的，而主控阀的位置切换将直接操控执行元件的运动方向。

气动控制回路可采用直接控制，如图 11.17 所示；也可采用间接控制，如图 11.18 所示。

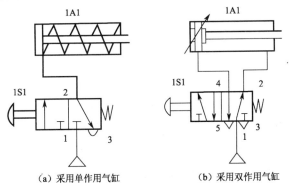

（a）采用单作用气缸 （b）采用双作用气缸

图 11.17 直接控制回路图

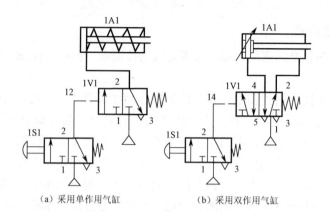

（a）采用单作用气缸　　　　　（b）采用双作用气缸

图 11.18　间接控制回路图

在图 11.17 中，按钮阀直接控制执行元件的换向；而在图 11.18 中，直接控制执行元件换向的主控阀是单气控阀，而按钮阀则是控制主控阀的气控口，使主控阀按程序进行位置切换。

2．电气控制回路

1）气控图

电气控制回路图中的气控图是很简单的，无非是采用一个单端电磁操控或双端电磁操控的电磁阀来控制执行元件的运动方向，本课题如果采用双作用汽缸，则可得到如图 11.19（a）所示的气控图。

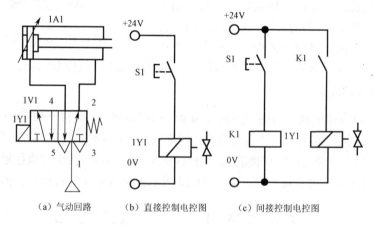

（a）气动回路　　　（b）直接控制电控图　　　（c）间接控制电控图

图 11.19　电气控制回路图

2）电控图

在电气控制回路图中，电控图比气控图要复杂得多，因为在气控图中所有电磁线圈的通断电控制，都要在电控图中得以实现。本课题的电控图可采用直接控制，如图 11.19（b）所示；也可采用间接控制，如图 11.19（c）所示。前者用按钮直接控制电磁阀线圈通断电；后者用按钮通过电磁继电器间接控制电磁阀线圈的通断电。

技能链接

换向阀的选用方法

（1）在选择换向阀类型时应根据设备的实际工作过程和特点进行考虑。

（2）在选用换向阀时，首先应考虑系统的安全，如采用双电控换向阀在发生意外断电时，汽缸仍会保持断电前的工作状态，可能造成事故进一步恶化；单电控换向阀在断电后汽缸可能产生反向运动，在某些情况下反而可能造成事故；带截止中位的三位换向阀由于阀芯两侧都有弹簧，断电后在弹簧作用下处于中位，可使得汽缸在很短的时间内停止运动，但有可能造成事故无法迅速解除。

（3）对于易燃、易爆、潮湿的环境，应选择气控换向阀。因为气控换向阀是以气压信号来控制阀芯移动的，这就避免了电磁线圈通、断电时产生的电火花或因潮湿等原因造成的漏电，确保了操作的安全。

实验操作

（1）按照如图 11.16、图 11.17、图 11.18 所示回路进行连接并检查。

（2）连接无误后，打开气源和电源，观察汽缸运行情况。

（3）比较直接控制和间接控制在操作上的不同点。

（4）比较气动控制回路和电气控制回路的不同点。

（5）对实验中出现的问题进行分析和解决。

（6）实验完成后，将各元件整理后放回原处。

思考与练习

（1）直接控制与间接控制的主要区别是什么？各适合于什么场合？

（2）什么是全气动控制回路？

（3）电气控制回路包括哪两张图？

项目十二 逻辑控制回路

任务一 逻辑元件

教学目标

➤ 了解逻辑元件的种类及特点。

➤ 掌握双压阀的结构、原理及逻辑"与"门的功能。

➤ 掌握梭阀的结构、原理及逻辑"或"门的功能。

➤ 掌握逻辑元件的图形符号。

➤ 掌握"与"门逻辑回路。

➤ 掌握"或"门逻辑回路。

在气动系统中，如果有多个输入条件来控制汽缸的动作，就需要通过逻辑控制回路来处理这些信号间的逻辑关系，实现执行元件的正确动作。

一、双压阀

如图 12.1 所示，双压阀有两个输入口 1（3）和一个输出口 2。只有当两个输入口都有输入信号时，输出口才有输出，从而实现了逻辑"与门"的功能。当两个输入信号压力不等时，则输出压力相对低的一个，因此，它还有选择压力的作用。

1、3—输入口；2—输出口

图 12.1 双压阀工作原理及实物图

二、梭阀

如图 12.2 所示，梭阀和双压阀一样有两个输入口 1（3）和一个输出口 2。当两个输入口中任何一个有输入信号时，输出口就有输出，从而实现了逻辑"或门"的功能。当两个输入信号压力不等时，梭阀则输出压力高的一个。

1、3—输入口；2—输出口

图 12.2　梭阀工作原理及实物图

技能链接

逻辑元件的种类及特点

（1）气动逻辑元件是指在回路中能实现一定的逻辑功能的元件，它一般属于开关元件。

（2）逻辑元件的特点：抗污染能力强，对气源净化要求低，通常元件在完成动作后，具有关断能力，所以耗气量小。

（3）逻辑元件主要由两部分组成，一是开关部分，其功能是改变气体流动的通断；二是控制部分，其功能是当控制信号状态改变时，使开关部分完成一定的动作。

（4）气动逻辑元件的种类较多，按逻辑功能分可以把气动元件分为"是"门元件、"非"门元件、"与"门元件、"或"门元件、"禁"门元件和"双稳"元件等。

实验操作

（1）在实训台上认识各种逻辑元件。

（2）掌握"与"门逻辑元件（双压阀）和"或"门逻辑元件（梭阀）的工作原理及它们的图形符号。

（3）能根据实际需要，合理、正确地选用所需的气动逻辑元件。

思考与练习

（1）双压阀与梭阀分别有什么功能？

（2）画出双压阀与梭阀的图形符号。

任务二　逻辑控制回路

一、"与"门回路

在气动控制回路中的逻辑"与"回路除了可以用双压阀实现外，还可以通过输入信号的串联实现，如图 12.3 所示。

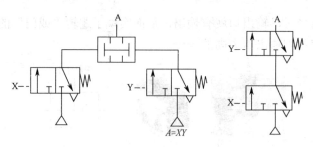

图 12.3 "与"门回路

二、"或"门回路

在气动控制回路中，可以采用如图 12.4 所示的方法实现逻辑"或"，但不可以简单地通过输入信号的并联实现。因为，如果两个输入元件中只要一个有信号，其输出的压缩空气就会从另一个输入元件的排气口漏出，如图 12.5 所示。

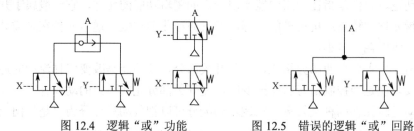

图 12.4 逻辑"或"功能   图 12.5 错误的逻辑"或"回路

三、实例：板材成型装置的回路设计

如图 12.6 所示，利用一个汽缸对板材进行成型加工。汽缸活塞杆在两个按钮 1S1、1S2 同时按下后伸出，带动曲柄连杆机构对塑料板材进行压制成型。加工完毕后，通过另一个按钮 1S3 让汽缸活塞杆回缩。

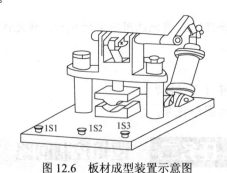

图 12.6 板材成型装置示意图

1. 气动控制回路

在本课题中，汽缸活塞只有在两个按钮全部按下时才会伸出，从而保证双手在汽缸伸出时不会因操作不当受到伤害。这种双手同时操作回路是一种常见的安全保护回路。其气动控制回路图如图 12.7 所示。

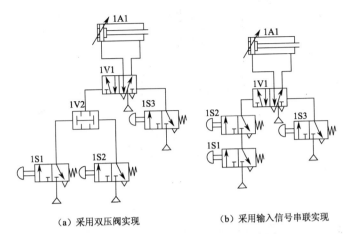

（a）采用双压阀实现　　　　（b）采用输入信号串联实现

图 12.7　板材成型装置气动控制回路图

2. 电气控制回路

电气控制中通过对输入信号的串联和并联可以很方便地实现逻辑"与"和"或"的功能，如图 12.8 所示。

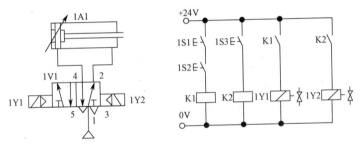

图 12.8　板材成型装置电气控制回路图

 技能训练

公共汽车车门控制装置的逻辑回路设计

如图 12.9 所示，利用一个汽缸对公共汽车车门进行开关控制，汽缸活塞杆伸出，门打开；活塞杆缩回，门关闭。驾驶台上的开门、关门按钮分别为 1S1 和 1S2；售票台上的开门、关门按钮分别为 1S3 和 1S4。1S1 和 1S3 任一按钮按下，都能控制门打开；1S2 和 1S4 任一按钮按下，都能控制门关闭。为了降低车门的开、关门速度，回路中应设置单向节流阀进行节流调速。要求：

（1）根据控制要求自行设计完成如图 12.10 所示的气动控制回路图。

（2）根据控制要求自行设计完成如图 12.11 所示的电气控制回路图。

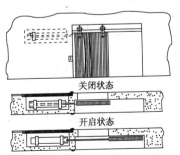

图 12.9　公共汽车车门控制装置示意图

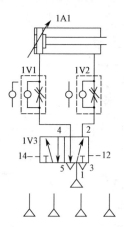

图 12.10   公共汽车车门气动控制回路图

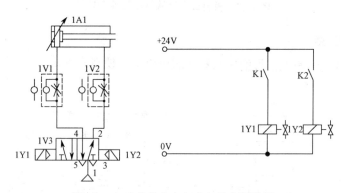

图 12.11   公共汽车车门电气控制回路图

 实验操作

（1）按照自行设计完成的图 12.10 和图 12.11 进行连接并检查。

（2）连接无误后，打开气源和电源，观察汽缸运行情况是否符合控制要求。

（3）对实验中出现的问题进行分析和解决。

（4）弄清两个开门按钮 1S1 和 1S3 之间，两个关门按钮 1S2 和 1S4 之间都是逻辑"或"的关系。

（5）实验完成后，将各元件整理后放回原处。

 思考与练习

（1）为什么气动回路中"与"逻辑可以直接用串联实现，而"或"逻辑不能直接用并联实现？

（2）双手操作有什么作用？在气动控制和电气控制中如何实现？

（3）请分析说明如图 12.12 所示回路具有什么功能？

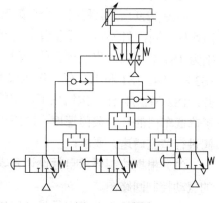

图 12.12   题图

项目十三 行程程序控制回路

—·—

任务一 常用位置传感器

 教学目标

➢ 了解常用位置传感器的种类、名称及原理。

➢ 掌握各种位置传感器的使用、安装及图形符号。

➢ 熟悉行程程序控制的定义和特点。

➢ 熟练掌握带位置传感器的电气控制回路图的绘制方法。

➢ 掌握行程程序控制回路的绘制方法。

在气动控制回路中最常用的位置传感器就是行程阀；采用电气控制时，最常用的位置传感器有行程开关、电容式传感器、电感式传感器、光电式传感器、光纤式传感器和磁感应式传感器。除行程开关外的各类传感器由于都采用非接触式的感应原理，所以也称接近开关。

一、行程开关

行程开关是最常用的接触式位置检测元件，它的工作原理和行程阀非常接近。行程阀是利用机械外力使其内部气流换向，行程开关是利用机械外力改变其内部电触点通断情况。行程开关的实物图如图 13.1 所示。

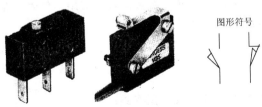

图 13.1 行程开关实物图

二、电容式传感器

电容式传感器的感应面由两个同轴金属电极构成，很像"打开的"电容器电极。这两个电极构成一个电容，串接在 RC 振荡回路内，其工作原理如图 13.2 所示，电源接通时，RC 振荡器不振荡，当一物体朝着电容器的电极靠近时，电容器的容量增加，振荡器开始振荡。通过后级电路的处理，将不振荡和振荡两种信号转换成开关信号，从而起到了检测有无物体存在的目的。这种传感器能检测金属物体，也能检测非金属物体，对金属物体可以获得最大的动作距离。而对非金属物体，动作距离的决定因素之一是材料的介电常数。材料的介电常数越大，可获得的动作距离越大。材料的面积对动作距离也有影响。

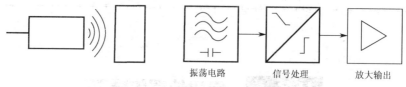

振荡电路　　　信号处理　　　放大输出

图 13.2　电容式传感器工作原理图

三、电感式传感器

如图 13.3 所示，电感式传感器内部的振荡器在传感器工作表面产生一个交变磁场。当金属物体接近这一磁场并达到感应距离时，在金属物体内产生涡流，从而导致振荡衰减，以至停振。振荡器振荡及停振的变化被后级放大电路处理并转换成开关信号，触发驱动控制器件，从而达到非接触式的检测目的。电感式传感器只能检测金属物体。

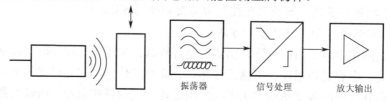

振荡器　　　信号处理　　　放大输出

图 13.3　电感式传感器工作原理图

四、光电式传感器

光电式传感器是通过把光强度的变化转换成电信号的变化来实现检测的。光电传感器在一般情况下由发射器、接收器和检测电路三部分组成。发射器用于发射光束，接收器用于接收发射器发出的光束，检测电路用于滤出有效信号和应用该信号。常用的光电式传感器又可分为漫射式、反射式、对射式等几种。

1. 漫射式光电传感器

漫射式光电传感器集发射器与接收器于一体，前方无物时，发射器发出的光不会被接收器接收到；前方有物时，接收器就能接收到物体反射回来的部分光线，通过检测电路产生开关量的电信号，其工作原理图如图 13.4 所示。

13.4　漫射式光电传感器工作原理图

2. 反射式光电传感器图

反射式光电传感器也是集发射器和接收器于一体的，但与漫射式传感器不同的是前方有一块反射板。当反射板与发射器之间没有物体时，接收器可以接收到光线；当被测物体遮挡住反射板时，接收器无法接收到发射器发出的光线，传感器产生输出信号。其工作原理图如图 13.5 所示。

3. 对射式光电传感器

对射式光电传感器的发射器和接收器是分离的。在发射器与接收器之间如果没有物体遮挡，发射器发出的光线能被接收器接收到；当有物体遮挡时，接收器收不到发射器发出的光线，传感器产生输出信号。其工作原理图如图 13.6 所示。

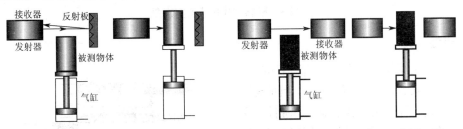

图 13.5　反射式光电传感器工作原理图　　　　图 13.6　对射式光电传感器工作原理图

五、光纤式传感器

光纤式传感器把发射器发出的光用光导纤维引导到检测点，再把检测到的光信号用光纤引导到接收器。按动作方式的不同，光纤式传感器也可分为对射式、反射式、漫射式等多种类型。各种传感器的实物图与图形符号如图 13.7 所示。

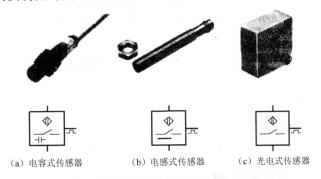

（a）电容式传感器　　　（b）电感式传感器　　　（c）光电式传感器

图 13.7　各种传感器实物图及图形符号

六、磁感应式传感器

磁感应式传感器是利用磁性物体的磁场作用来实现对物体感应的，它主要有霍尔式传感器和磁性开关两种，其实物图与图形符号如图 13.8 所示。

1. 霍尔式传感器

当一块通有电流的金属或半导体薄片垂直地放在磁场中时，薄片的两端就会产生电位差，这种现象称为霍尔效应。霍尔元件是一种磁敏元件，用霍尔元件做成的传感器称为霍尔传感器，也称霍尔开关。当磁性物体移近霍尔开关时，开关检测面上的霍尔元件因产生霍尔效应而使开关内部电路状态发生变化，由此识别附近有磁性物体存在，并输出信号。霍尔传感器的检测对象必须是磁性物体。

（a）霍尔式传感器   （b）磁性开关   （c）图形符号

图 13.8   磁感应式传感器实物图

2. 磁性开关

磁性开关是流体传动系统中所特有的。磁性开关可以直接安装在汽缸的缸体上，当带有磁环的活塞移动到磁性开关所在位置时，磁性开关内的两个金属环片在磁环磁场的作用下吸合，发出信号。当活塞移开，舌簧开关离开磁场，触点自动断开，信号切断。通过这种方式可以很方便地实现对汽缸活塞位置的检测，其工作原理图如图13.9 所示。

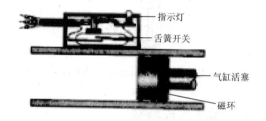

图 13.9   磁性开关工作原理图

 实验操作

（1）在实训台上认识和了解各种位置传感器的工作原理。

（2）熟记常用位置传感器的图形符号。

（3）能根据实际需要正确、合理地选择所需的位置传感器的种类和型号。

 思考与练习

（1）常用的位置传感器主要有哪几种？

（2）常用位置传感器的图形符号是怎样的，它们在使用上有什么不同？

任务二   行程程序控制回路

一、定义和特点

各种自动机械或自动生产线，大多是按程序工作的。程序控制，就是根据生产过程的要求，使被控制的执行元件，按预先规定的顺序协调动作的一种自动控制方式。根据控制方式的不同，程序控制可分为时间程序控制、行程程序控制和混合程序控制三种。

1. 时间程序控制

时间程序控制是指各执行元件的动作按时间顺序进行的一种自动控制方式。时间信号通过控制线路，按一定的时间间隔分配给相应的执行元件，令其产生有顺序的动作。

2．行程程序控制

行程程序控制是一种只有在执行元件前一个动作完成并发出信号后，才允许下一个动作进行的一种自动控制方式。

3．混合程序控制

混合程序控制是行程程序控制和时间程序控制的综合。若将时间信号也做作行程信号的一种，那么它实际上也可以认为是一种行程程序控制。

在上述三种控制方式中，行程程序控制结构简单，维修容易，动作稳定可靠。在程序中某一个环节发生故障无法发出完成信号时，后面的动作就不会进行，使整个程序停止动作，能够实现系统和设备的自动保护。为此，行程程序控制方式在气动系统中被广泛采用。

二、行程程序控制回路

行程程序控制回路是由行程发信装置、执行元件、控制元件和动力源等部分组成的。

1．行程发信装置

行程发信装置一般由各种位置传感器组成。它的作用是在执行元件的每一个动作完成时发出完成信号，通知下一步动作开始执行。下一步动作必须靠前一步动作的完成信号来启动。在一个回路中有多少个动作步骤就应有多少个位置传感器。以汽缸作为执行元件的回路为例，汽缸活塞运动到位后，通过安装在汽缸活塞杆或汽缸缸体相应位置的位置传感器发出的信号启动下一个动作。有时安装位置传感器比较困难或者根本无法进行位置检测时，行程信号也可用时间、压力信号等其他类型的信号来代替。此时所使用的检测元件也不是位置传感器，而是相应的时间、压力等检测元件。

在回路图中，除要画出位置传感器与其他元件的连接方式外，还要画出位置传感器的实际安装位置，以标明该传感器的具体检测位置。

2．执行元件

常用的执行元件有普通汽缸、缓冲汽缸、气液缸、气动电动机、气动阀门和气电转换器等。

3．控制元件

一般来说，一个主控阀只控制一个执行元件的动作，在同步运动中，一个主控阀也可控制多个执行元件作同步运动。

在气动控制回路中，主控阀一般为二位五通双稳气控阀，而其他所有的控制元件如按钮阀、定位开关阀、逻辑阀等都是用来控制主控阀的切换的。

在电气控制回路中，气控图中的主控阀一般为二位五通双稳电磁阀（先导式或直动式），该主控电磁阀的切换动作是由电控图中的按钮、定位开关、电磁继电器等控制元件来控制完成的。

4．动力源

动力源是由空气压缩站和气源处理装置组成的，在回路中一般用"△"表示。

三、实例：自动送料装置的行程程序控制回路设计

如图 13.10 所示，利用一个双作用汽缸将料仓中的成品推入滑槽进行装箱。为提高效率，采用一个定位开关启动汽缸动作。按下开关，汽缸活塞杆伸出，活塞杆伸到头即将工件推入滑槽。工件推入滑槽后活塞杆自动缩回，活塞杆完全缩回后再次自动伸出，推下一个工件，如此循环，直至再次按下定位开关，汽缸活塞完全缩回后停止。

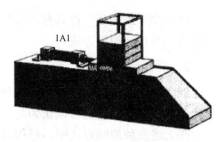

图 13.10　自动送料装置示意图

1. 气动控制回路

这是一个只有一个执行元件和两步动作（活塞杆伸出和活塞杆缩回）的行程程序控制回路，如图 13.11 所示。

控制执行元件动作的主控阀采用二位五通双稳阀。两步动作就应有两个相应的行程发信元件，一个检测活塞杆是否完全伸出，一个检测活塞杆是否完全缩回。在气动控制回路中采用行程阀 1S1、1S2 作为发信元件。1S1 和 1S2 作为气动回路中的位置传感器，除画出与其他元件的连接方式外，还应标明其实际安装位置。图中 1S1 的画法表明在启动前它已经处于被压下的状态。

在设计中应特别注意：定位开关作为启动信号不应去控制汽缸的气源，以防止汽缸活塞在动作时，因气源被切断而无法回到原位。

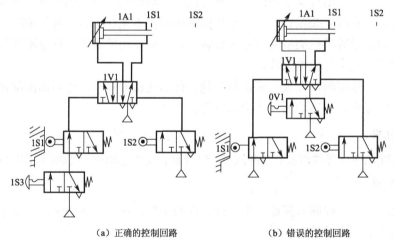

（a）正确的控制回路　　　　　　（b）错误的控制回路

图 13.11　自动送料装置气动控制回路图

2. 电气控制回路

当采用电气方式进行控制时，行程发信元件可以采用行程开关或其他各种接近开关。应当注意的是磁感应式传感器检测的是活塞上磁环的位置，其实际安装位置应在汽缸的缸体上，如图 13.12 所示；而行程开关及电容式、电感式、光电式等传感器都是用于检测活塞杆前端凸块的位置，因此，这些传感器的实际安装位置应在活塞杆的前方，如图 13.13 所示。

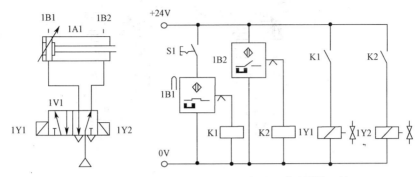

图 13.12　自动送料装置电气控制回路图（采用磁性开关）

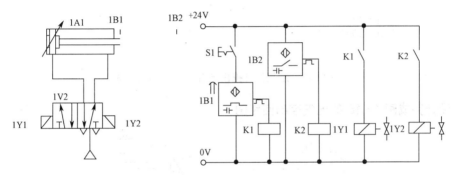

图 13.13　自动送料装置电气控制回路图（采用电容式传感器）

 技能训练

纸箱抬升推出装置行程程序控制回路设计

如图 13.14 所示，利用两个汽缸把已经装箱打包完成的纸箱从自动生产线上取下。通过一个按钮控制 1A1 汽缸活塞伸出，将纸箱抬升到 2A1 汽缸的前方；到位后，2A1 汽缸活塞杆伸出，将纸箱推入滑槽；完成后，1A1 汽缸活塞杆首先缩回；缩回到位后，2A1 汽缸活塞杆缩回，一个工作过程完成。为防止造成纸箱破损应对汽缸活塞运动速度进行调节，要求如下所述。

1. 设计完成图 13.15 的气动控制回路图

在这个行程程序控制回路中，有两个汽缸 1A1 和 2A1，有四个动作步骤：1A1 伸出、2A1 伸出、1A1 缩回、2A1 缩回。因此，在回路中应设置四个位置检测元件，分

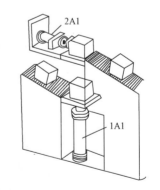

图 13.14　纸箱抬升推出装置示意图

别检测汽缸 1A1 活塞伸出到位、缩回到位；汽缸 2A1 活塞伸出到位、缩回到位。这四个位置检测元件发出的信号作为前一步动作完成的标志，用来启动下一步动作。如当 2S1 发出信号时，说明汽缸 1A1 活塞已经伸出到位，即行程程序动作中的第一步已经完成，应开始执行第二步动作，让汽缸 2A1 活塞伸出。所以 2S1 信号应用来控制换向阀 2V1 换向，使汽缸 2A1 活塞伸出。

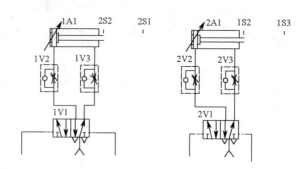

图 13.15 纸箱抬升推出装置气动控制回路图

2. 设计完成图 13.16 的电气控制回路图

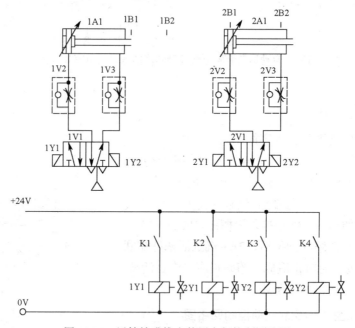

图 13.16 纸箱抬升推出装置电气控制回路图

电气控制回路的设计方法与气动控制回路的设计方法基本相同，其行程发信元件可以采用行程开关或各种接近开关。

 实验操作

（1）按照技能训练中自己所设计完成的气动控制回路图和电气控制回路图分别进行连接并检查。

（2）连接无误后，打开气源，观察汽缸运行情况是否符合控制要求。

（3）掌握行程阀在气动控制回路中的安装方法和调节方法。

（4）掌握行程开关和各种接近开关在电气控制回路中的安装方法和调节。

（5）对实验中出现的问题进行分析和解决。

（6）实验完成好后，将各元件整理后放回原处。

 思考与练习

请分析图 13.17 所示回路在启动后，各缸将如何动作？

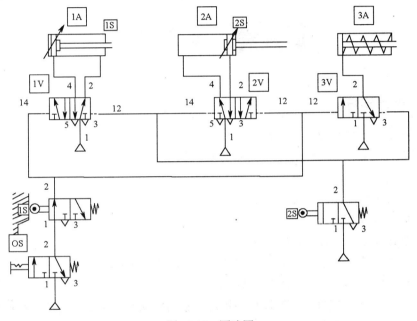

图 13.17　回路图

其重要性在于它能够满足各种复杂动作的控制要求。
的控制，满足自动控制系统的各种要求。
在这种情况下，这种方法在自动控制系统中得到广泛的应用。

项目十四 速度与时间控制回路

任务一 速度控制

教学目标

➤ 掌握节流阀和单向节流阀的工作原理及用途。
➤ 掌握快速排气阀的结构、工作原理及安装方法。
➤ 熟练掌握延时阀的内部结构及工作原理。
➤ 掌握时间继电器的种类及用途。
➤ 牢固掌握各元件的图形符号。
➤ 熟悉速度控制与时间控制的定义。
➤ 掌握进气节流调速回路与排气节流调速回路的优缺点。
➤ 掌握延时回路的元件构成及绘制方法。

气压传动系统中，汽缸的速度控制是指对汽缸活塞从开始运动到到达其行程终点的平均速度的控制。时间控制则是指对汽缸在其终端位置停留时间的控制和调节。它们常被用来控制汽缸动作的节奏，调整整个动作循环的周期。

一、实现方式

在很多气动设备或气动装置中执行元件的运动速度都应是可调节的。汽缸工作时，影响其活塞运动速度的因素有工作压力、缸径和汽缸所连气路的最小截面积。通过选择小通径的控制阀或安装节流阀可降低汽缸活塞的运动速度。通过增加管路的通流截面或使用大通径的控制阀及采用快速排气阀等方法都可以在一定程度上提高汽缸活塞的运动速度。

其中，使用节流阀和快速排气阀都是通过调节进入汽缸或汽缸排出的空气流量来实现速度控制的，这也是气动回路中最常用的速度调节方式。

二、节流阀和单向节流阀

1. 节流阀

从流体力学的角度看，流量控制就是在管路中制造局部阻力，通过改变局部阻力的大小来控制流量的大小。凡用来控制和调节气体流量的阀，均称为流量控制阀，节流阀就属于流量控制阀。它安装在气动回路中，通过调节阀的开度来调节空气的流量，其结构如图 14.1 所示。

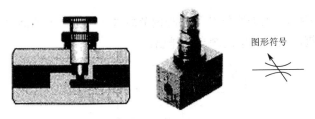

图 14.1　节流阀工作原理及实物图

2．单向节流阀

单向节流阀是气压传动系统最常用的速度控制元件，也常称为速度控制阀。它由单向阀和节流阀并联而成，节流阀只在一个方向上起流量控制的作用，相反方向的流量可以通过单向阀自由流通。利用单向节流阀可以实现对执行元件每个方向上的运动速度的单独调节。

如图 14.2 所示，压缩空气从单向节流阀的左腔进入时，单向密封圈 3 被压在阀体上，空气只能从节流口 2 通过，再由右腔输出，节流口的大小由调节螺母 1 调定。此时单向节流阀对压缩空气起到调节流量的作用。

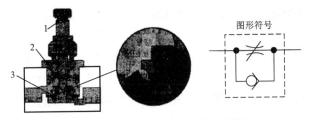

1—调节螺母；2—节流口；3—单向密封圈

图 14.2　单向节流阀实物图

当压缩空气从右腔进入时，单向密封圈 3 在空气压力的作用下向上翘起，使得气体不必通过节流口可以直接流至左腔并输出。此时单向节流阀不起节流作用，压缩空气可以自由流动，其实物图如图 14.3 所示。

图 14.3　单向节流阀工作原理图

三、进气节流与排气节流

根据单向节流阀在气动回路中连接方式的不同，可以将速度控制方式分为进气节流速度控制方式和排气节流速度控制两种方式。

1. 进气节流

如图 14.4（a）所示，压缩空气经节流阀调节后进入汽缸，推动活塞缓慢运动；汽缸排出的气体不经过节流阀，而通过单向阀自由排出。

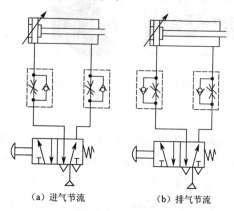

（a）进气节流　　　　（b）排气节流

图 14.4　进气节流和排气节流气动回路图

其特点如下所述。

（1）启动时气流逐渐进入汽缸，启动平稳；但如带载荷启动，可能因推力不足，造成无法启动。

（2）活塞上微小的负载波动，都会导致汽缸活塞速度的明显变化，使得其运动速度稳定性较差。

（3）当负载的方向与活塞运动的方向相反时（负负载），可能会出现活塞不受节流阀控制的前冲现象。

（4）最大的缺点是回油直通油箱，回油腔没有背压，这是导致速度不稳和前冲现象的主要原因。

（5）当活塞杆受到阻挡或到达极限位置而停止后，其工作腔由于受到节流作用，其压力将逐渐上升到系统的最高压力，利用这个过程可以很方便地实现压力顺序控制。

2. 排气节流

如图 14.4（b）所示，压缩空气经单向阀直接进入汽缸，推动活塞运动；而汽缸排出的气体则必须通过节流阀受到节流后才能排出，从而使汽缸运动速度得到控制。

其特点如下所述。

（1）启动时气流不经节流直接进入汽缸，会产生一定的冲击，启动平稳性不如进气节流。

（2）节流阀在排气路上起到两种作用：一可节流调速；二可形成背压。排气腔形成的这种背压，减少了负载波动对速度的影响，提高了运动的稳定性，使排气节流成为最常用的调速方式。

（3）由于背压的存在，负负载时可以阻止活塞的前冲。

（4）汽缸活塞运动停止后，汽缸进气腔由于没有节流，压力迅速上升；排气腔压力在节流作用下逐渐下降到零。利用这一过程来实现压力控制比较困难且可靠性差，一般不采用。

四、快速排气阀

快速排气阀简称快排阀，其特点是通流口径大，可以降低汽缸排气腔的阻力，将空气快速排出达到提高汽缸活塞运动速度的目的，其工作原理如图 14.5 所示，实物图如图 14.6 所示。

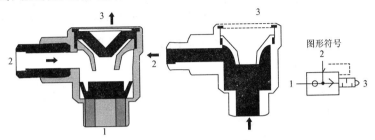

图 14.5 快速排气阀工作原理图

图 14.6 快速排气阀实物图

汽缸的排气路径一般是经过连接管路和主控阀的排气口向外排出。其缺点是管路长，通径小，以致排气阻力大，从而影响了汽缸活塞的运动速度。而大口径的快速排气阀，则可以大大缩短汽缸的排气行程，减少排气阻力，从而提高了活塞的运动速度。而当汽缸进气时，快速排气阀的密封活塞将排气口封闭，不影响压缩空气进入汽缸。实验证明，安装快速排气阀后，汽缸活塞的运动可以提高 4～5 倍。

使用快速排气阀实际上是在经过换向阀正常排气的通路上设置一个旁路，以方便汽缸排气腔迅速排气。因此，为保证其良好的排气效果，在安装时应将它尽量靠近执行元件的排气口。在图 14.7 所示的两个回路中，图（b）比图（a）更为合理。

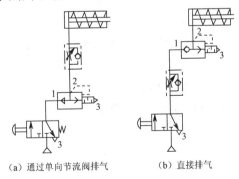

（a）通过单向节流阀排气　　　（b）直接排气

图 14.7 快速排气阀的安装方式

五、实例：木条切断装置的速度控制回路设计

如图 14.8 所示，加工后的细木条需要根据要求剪切成不同长度。剪切的长度通过工作台

上的一把标尺进行调整，切刀安装在一个双作用汽缸活塞杆的前端。

通过双手按下两个按钮后，汽缸活塞杆伸出，活塞杆前端的切刀将木条切断。为保证木条切口质量，活塞杆应有较高的伸出速度。松开任何一个按钮，汽缸活塞杆就自动缩回。

在这个课题中，为保证安全，切断过程采用了双手启动。双手启动是很常用的安全保护方式，它可以保证人员在操纵时双手脱离危险区域。双手启动可以通过两个按钮的串联或用双压阀来实现。汽缸活塞杆的快速伸出应通过采用快速排气阀来实现，其气动控制回路图如图 14.9 所示。

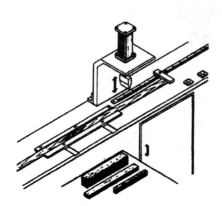
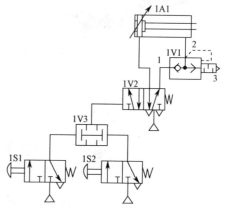

图 14.8　木条切断装置示意图　　　图 14.9　木条切断装置的气动控制回路图

 技能训练

工件抬升装置的速度控制回路设计

如图 14.10 所示，利用一个汽缸的活塞伸出，将从下方传送装置送来的工件抬升到上方的传送装置用于进一步加工。

在方向控制上，为了保证安全，汽缸活塞伸出需利用两个按钮同时按下来控制；活塞的缩回则需在其伸出到位后自动实现。

在速度控制上，汽缸活塞伸出时，为避免速度过高所产生的冲击对工件和设备造成损害，可以采用排气节流进行调速，排气阀所产生的背压可以提高速度的稳定性；汽缸活塞回缩时，安装支架的重量和本身自重的方向与活塞运动方向相同，属于负值负载，所以也应采用排气节流进行调速。

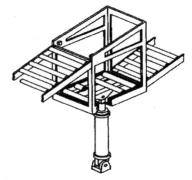

图 14.10　工件抬升装置示意图

要求：

（1）画出气动控制回路图。

（2）画出电气控制回路图。

 实验操作

（1）按照技能训练所设计的气动控制回路图和电气控制回路图分别进行连接并检查。

（2）连接无误后，打开气源，观察汽缸运行情况是否符合控制要求。

（3）掌握单向节流阀的两种不同安装方式及调节方法。

（4）对实验中出现的问题进行分析和解决。

（5）实验完成好后，将各元件整理后放回原处。

 思考与练习

（1）如何对气动执行元件进行速度控制？进气节流和排气节流有什么区别？

（2）快速排气阀为何可以提高汽缸活塞的运动速度？

任务二 时 间 控 制

气动执行元件在其终端位置停留时间的控制和调节，如果采用气动控制可通过专门的延时阀来实现；如果采用电气控制则可通过时间继电器来实现。

一、延时阀

延时阀是气动系统中的一种时间控制元件，它是通过节流阀调节气室充气时的压力上升速率来实现延时的。延时阀有常通型和常断型两种，图 14.11 所示为常断型延时阀的工作原理图，其实物图如图 14.12 所示。

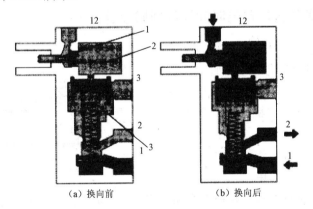

（a）换向前　　　　　　　　（b）换向后

1—单向节流阀；2—气室；3—单气控二位三通换向阀

图 14.11 常断型延时阀的工作原理图

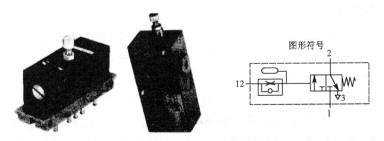

图 14.12 延时阀实物图

图中的延时阀由单向节流阀 1、气室 2 和一个单侧气控二位三通换向阀 3 组合而成。控制信号从 12 口经节流阀进入气室。由于节流阀的节流作用，使得气室压力上升速度较慢。

当气室压力达到换向阀的动作压力时，换向阀换向，输入口 1 和输出口 2 产生信号输出有一定的时间间隔，可以用来控制气动执行元件的运动停顿时间。若要改变延时时间的长短，只要调节节流阀的开度即可。通过附加气室还可以进一步延长延时时间。

当 12 口撤除控制信号时，气室内的压缩空气迅速通过单向阀排出，延时阀快速复位。所以，延时阀的功能相当于电气控制中的通电延时时间继电器。

二、时间继电器

当线圈接收到外部信号，经过设定时间才能使触头动作的继电器称为时间继电器。按延时的方式不同，时间继电器可分为通电延时时间继电器和断电延时时间继电器，其图形符号如图 14.13 所示。

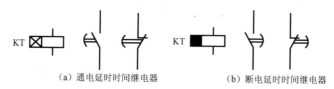

（a）通电延时时间继电器　　　　　（b）断电延时时间继电器

图 14.13　时间继电器图形符号

三、实例：圆柱塞分送装置的时间控制回路设计

如图 14.14 所示，利用两个汽缸的交替伸缩将圆柱塞两个两个地送到加工机上进行加工。启动前汽缸 1A1 活塞杆完全缩回，汽缸 2A1 活塞杆完全伸出，挡住圆柱塞，避免其滑入加工机。按下启动按钮后，汽缸 1A1 活塞杆伸出，同时汽缸 2A1 活塞杆缩回，两个圆柱塞滚入加工机中。2s 后汽缸 1A1 缩回，同时汽缸 2A1 伸出，一个工作循环结束。

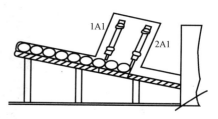

图 14.14　圆柱塞分送装置示意图

为了保证后两个圆柱塞只有在前两个加工完毕后才能滑入加工机，要求下一次的启动只有在间隔 5s 后才能开始。系统通过一个手动按钮启动，并用一个定位开关来选择工作状态是单循环还是多循环。在供电或供气中断后，分送装置须重新启动，不得自行开始动作。

1. 气动控制回路

根据控制要求，两汽缸的活塞在工作过程中始终同步做相反的动作，因此，可采用同步回路，在同步要求不严的情况下，可用一个主控阀来控制两缸的动作。

如图 14.15 所示，1S1、1V4 和 1V3 组成的是一个气动自锁回路，定位开关 1S2 并不具有启动作用，它的作用只是控制自锁是否建立，从而选择工作状态。

当 1S2 不接通，则自锁建立不了，系统在 1S1 按下后只能做单循环运动。

当 1S2 接通，则自锁建立，此时如果按下 1S1，则 1V3 总有信号输出，和 1S3 的始压信号"与"后，1V2 的输出信号使主阀切换即自行消失，此时 1A1 活塞杆伸出，同时 2A1 活塞杆缩回；

1A1 活塞杆完全伸出压下 1S4 经 1V6 延时 2s 后，1A1 缩回，同时 2A1 伸出；1A1 完全缩回压下 1S3 并经 1V5 延时 5s 后，1V2 又有信号输出，于是第二循环开始，系统进入多循环状态。

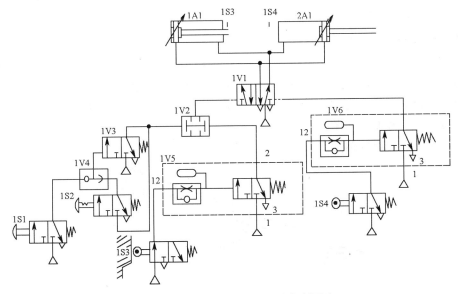

图 14.15　圆柱塞分送装置气动控制回路

2．电气控制回路

在电气控制回路中，可用电气自锁回路代替气动自锁回路实现。如图 14.16 所示，用 24V 电源代替了气源；用电控阀 1V1 代替了气控阀 1V1；用按钮 1S1 代替了手动按钮阀 1S1；用定位开关 1S2 代替了手动定位阀 1S2；用中间继电器 K1 的功能代替了中位换向阀 V3 的功能（它们都能在 1S1 导通时输出信号，在 1S2 导通时实现自锁）；用电容式传感器 1B1、1B2 代替了行程换向阀 1S3、1S4；用时间继电器 KT1、KT2 代替了延时阀 1V5、1V6。

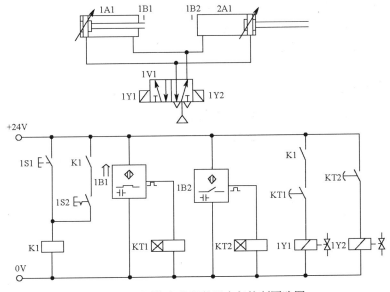

图 14.16　圆柱塞分送装置电气控制回路图

应当注意的是,电气回路中的并联连接在气动回路中必须通过梭阀来实现,不能直接并联。

 技能训练

标签粘贴设备时间控制回路设计

如图 14.17 所示的标签粘贴设备利用两个汽缸同步动作将标签与金属桶身粘贴牢固。在保证汽缸活塞完全缩回的情况下,通过一个手动按钮控制这两个汽缸活塞的伸出。活塞伸出到位压下行程阀后还应停留 10s,以保证标签粘贴牢固,10s 后汽缸活塞自动回缩。要求:

(1)画出气动控制回路图。

(2)画出电气控制回路图。

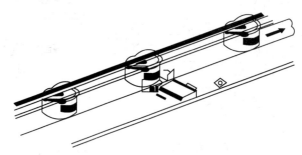

图 14.17 标签粘贴设备示意图

 实验操作

(1)按照技能训练所设计的气动控制回路图和电气控制回路图分别进行连接并检查。

(2)连接无误后,打开气源,观察汽缸运行情况是否符合控制要求。

(3)掌握延时阀在气动控制回路中的安装方法和调节方法。

(4)掌握时间继电器在电气控制回路中的安装方法和调节。

(5)对实验中出现的问题进行分析和解决。

(6)实验完成好后,将各元件整理后放回原处。

 思考与练习

(1)简述延时阀的作用和工作原理,它的图形符号是怎样的?

(2)说出时间继电器的种类并画出它们的图形符号。

项目十五　压力控制回路

任务一　压力控制阀

教学目标

➤ 了解压力控制的定义和应用。

➤ 熟练掌握压力顺序阀的结构、工作原理及图形符号。

➤ 熟练掌握压力开关的结构、原理及图形符号。

➤ 掌握典型压力控制回路的组成、原理及应用方法。

➤ 熟悉较复杂压力控制回路的设计与绘制。

在工业控制中，如冲压、拉伸、夹紧等很多过程都需要对执行元件的输出力进行调节或根据输出力的大小对执行元件的动作进行控制。这不仅是维持系统正常工作所必须的，同时也关系到系统的安全性、可靠性及执行元件动作能否正常实现等多个方面。因此，压力控制回路也是气压传动控制中除方向控制回路、速度控制回路以外的一种非常重要的控制回路。

一、压力控制的定义和应用

压力控制主要是指如何控制和调节气动系统中压缩空气的压力，以满足系统对压力的要求。在气动系统中调节和控制压力大小的控制元件称为压力控制阀，根据阀的控制作用不同，压力控制阀可分为减压阀、溢流阀和顺序阀。

对双作用汽缸而言，其活塞所产生的推力是其工作压力与活塞有效面积的乘积，即

$$F = p.A$$

可见汽缸所产生的输出力与汽缸的缸径和工作压力成正比。但由于汽缸缸径的规格由生产厂家决定，不能任意选择，所以要比较精确地设定和调整汽缸输出力的大小，就必须利用压力控制元件来调节。

在气动系统中，为了限定系统的最高压力，防止元件和管路损坏，还需要能在出现超过系统最高设定压力时自动排气的安全阀。此外在实际生产中，如在进行冲压、模压、夹紧或吸持工件时，还可以采用专门的压力控制元件根据气动执行元件的工作压力大小来进行动作控制。

二、压力顺序阀和压力开关

压力顺序阀和压力开关都是根据所检测位置气压的大小来控制回路各执行元件动作的元件。压力顺序阀产生的输出信号为气压信号，用于气动控制；压力开关的输出信号为电信号，用于电气控制。

当气动设备或装置中，因结构限制而无法安装或难以安装位置传感器进行位置检测时，就可采用安装位置相对灵活的压力顺序阀或压力开关来代替。这是因为在空载或轻载时汽缸工作压力较低，运动到位活塞停止时压力才会上升，使压力顺序阀和压力开关产生输出信号。这时它们所起的作用就相当于位置传感器。

1. 压力顺序阀

压力顺序阀由两部分组成，左侧主阀为一个单气控的二位三通换向阀，右侧为一个通过调节外部输入压力和弹簧平衡来控制主阀是否换向的导阀。其工作原理图和图形符号如图15.1 所示。

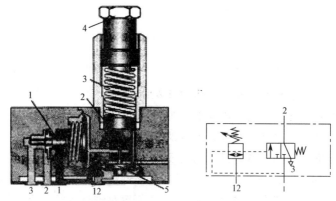

1—主阀；2—导阀；3—调节弹簧；4—导阀阀芯

图 15.1　压力顺序阀工作原理图及图形符号

被检测的压力信号由导阀的 12 口输入，其气压力和调节弹簧的弹簧力相平衡。当压力达到一定值时，就能克服弹簧力使导阀的阀芯抬起。导阀阀芯抬起后，主阀输入口 1 的压缩空气就能进入主阀阀芯的右侧，推动阀芯左移实现换向，使主阀输出口 2 与输入口 1 导通产生输出信号。由于调节弹簧的弹簧力可以通过调节旋钮进行预先调节设定，所以，压力顺序阀只有在 12 口的输入气压达到设定压力时，才会产生输出信号。这样就可以利用压力顺序阀实现由压力大小控制的顺序动作。

2. 压力开关

压力开关是一种当输入压力达到设定值时，电气触点接通，发出电信号，输入压力低于设定值时，电气触点断开不发出电信号的元件。压力开关常用于需要进行压力控制和保护的场合。这种利用气信号来接通和断开电路的装置也称气电转换器，气电转换器的输入信号是气压信号，输出信号是电信号。应当注意的是让压力开关触点吸合的压力值一般高于让触点释放的压力值。

图 15.2 所示为压力开关的工作原理图，当 X 口的气压力达到一定值时，即可推动阀芯

克服弹簧力右移，而使电气触点 1、2 断开，1、3 闭合导通。当压力下降到一定值时，则阀芯在弹簧力作用下左移，电气触点复位。给定压力同样可以通过调节旋钮设定。压力顺序阀、压力开关的实物图如图 15.3 所示。

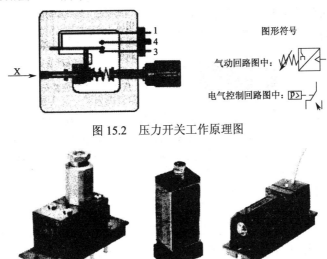

图 15.2　压力开关工作原理图

（a）压力顺序阀　　　　（b）压力开关

图 15.3　压力顺序阀、压力开关实物图

 技能训练

气动溢流阀简介

在气压传动中，溢流阀也是压力控制阀。由于它常用于一次压力控制回路，一般并联在空气压缩机的出口，归属于气源装置，因此，在气动控制回路图中很少画出。

1．溢流阀的作用

溢流阀在气动系统中起限制最高压力，保护系统安全的作用，因此又称安全阀。当回路、储气罐的压力上升到设定值以上时，溢流阀把超过设定值的压缩空气排入大气，以保持压力不超过设定值。

2．溢流阀的分类

溢流阀和减压阀相类似，按控制方式分为直动式和先导式两种。但溢流阀的阀口是常关闭的，出口通大气；而减压阀的阀口是常开通的，出口通执行元件。

 实验操作

（1）在实验台上认识和了解各种压力控制阀的工作原理，尤其是压力顺序阀和压力开关的工作原理及调节方法。

（2）认清各种压力控制阀的图形符号。

（3）能根据实际需要，合理、正确地选择所需的压力控制阀。

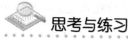　思考与练习

（1）压力顺序阀的作用和工作原理是什么？画出它的图形符号。

（2）压力开关的作用和工作原理是什么？画出它的图形符号。

任务二　压力控制回路

压力控制回路是对系统压力进行调节和控制的回路。在气动控制系统中，进行压力控制方法主要有两种：一种是控制一次压力，提高气动系统工作的安全性；另一种是控制二次压力，给气动装置提供稳定的工作压力，这样才能充分发挥元件的功能和性能。

一、一次压力控制回路

图 15.4 所示为一次压力控制回路。此回路主要用于把空气压缩机的输出压力控制在一定压力范围内。因为系统中压力过高，除了会增加压缩空气输送过程中的压力损失和泄漏以外，还会使管道或元件破裂而发生危险。因此，压力应始终控制在系统的额定值以下。

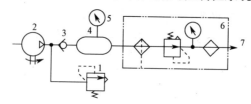

1—溢流阀；2—空压机；3—单向阀；4—储气罐；5—压力表；6—气动三连件

图 15.4　一次压力控制回路

该回路中常用溢流阀 1 保持供气压力基本恒定，也可用电触点式压力表 5 来控制空气压缩机 2 的转、停，使储气罐 4 内的压力保持在规定范围内。采用溢流阀，结构简单，工作可靠，但耗气量大；采用电触点式压力表，对电动机及控制要求较高。一般情况下，空气压缩机出口压力应控制在 0.8MPa 左右。

二、二次压力控制回路

二次压力控制回路的主要作用是对气动装置的气源入口处压力进行调节，为系统提供稳定的工作压力。该回路一般由空气过滤器1、减压阀 2 和油雾器 4 组成，即由项目九中所学过的气动三联件组成，如图 15.5 所示。

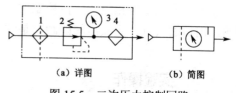

（a）详图　　　　（b）简图

图 15.5　二次压力控制回路

三、高低压转换回路

图 15.6 所示为高低压转换回路，该回路利用两个减压阀和一个换向阀或输出低压气源或

输出高压气源，以满足时而需要高压、时而需要低压的系统需要。若去掉换向阀，就可同时输出高低压两种压缩空气。

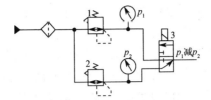

图 15.6　高低压转换回路

四、实例：塑料圆管熔接装置的压力控制回路设计

如图 15.7 所示，利用电热熔接压铁将卷在金属滚筒上的塑料板片高温熔接成圆管。熔接压铁安装在一个双作用汽缸活塞杆的前端。为防止压铁损伤金属滚筒，用带有压力表的调压阀将汽缸最大压力调至 4bar。汽缸活塞杆在按下按钮后伸出，完全伸出时压铁对塑料板片进行熔接。汽缸活塞只有在压铁达到设定位置并且压力达到 3bar 时才能回缩。

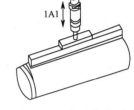

图 15.7　塑料圆管熔接装置示意图

为了保证熔接质量，应对汽缸活塞杆的伸出进行节流控制。调节节流阀使得压力在汽缸活塞杆完全伸出后 3s 才增至 3bar，这时塑料板片在高温和压力的作用下熔接成了圆管。

为方便将熔接完的塑料圆管取下，新的一次熔接过程必须在汽缸活塞完全缩回 2s 后才能开始。通过一个定位开关可将这个加工过程切换到连续自动循环工作中。

1. 气动控制回路

本例是对前述各种类型基本回路的一个综合应用。在进行回路设计时，可以把控制要求分割成 3 个部分分别进行分析和设计，如图 15.8 所示。

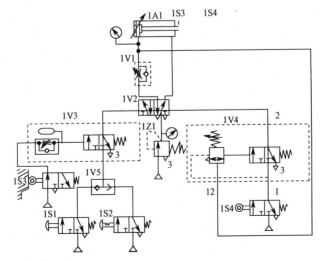

图 15.8　塑料圆管熔接装置气动控制回路图

1）汽缸活塞伸出控制

汽缸活塞伸出控制条件有三个：按钮 1S1 用于单循环工作的启动；定位开关 1S2 用于连续循环工作的启动；汽缸完全缩回停顿 2s 用于保证圆管的取下和放上新的板片。

按钮和定位开关都可以启动汽缸的动作，应为"或门"关系。它们的输出可以用梭阀来连接，梭阀 1V5 的输出，即为按钮和定位开关这两个条件"或"的结果。汽缸完全缩回停留 2s 可以用检测汽缸活塞回缩到位的行程阀 1S3 与延时阀 1V3 连接来实现，延时阀 1V3 的输出和梭阀 1V5 的输出这两个条件应同时满足后，汽缸活塞才能伸出，因此，这两个条件是"与门"关系。可以通过串联方式连接或者通过双压阀连接来实现。本例采用的是串联方式连接。

2）汽缸活塞缩回控制

汽缸活塞缩回条件有两个：一是活塞杆要完全伸出；二是熔接压力必须达到 3bar。

活塞杆完全伸出可以用行程阀 1S4 进行位置检测，熔接压力达到 3bar 可以用压力顺序阀 1V4 实现，注意与导阀弹簧力相平衡的 12 口气压力必须来自于无杆腔检测点的压力。这两个条件必须全部满足后汽缸活塞才能缩回，因此是"与门"关系，可采用双压阀连接或者采用串联方式连接来实现。

对于熔接压力达到 3bar 还有一个时间控制，即 3s 后才能增至 3bar。这个要求可以用进气节流方法，通过调节单向节流阀 1V1 阀口的开度以降低无杆腔压力的上升速度来实现，而不需要用延时阀来实现 3s 的延时。

3）压力调节

根据课题要求应保证汽缸最高压力为 4bar，这个可以通过在主控阀输入口安装调压阀 1Z1 来解决。

2. 电气控制回路

如图 15.9 所示，电气控制回路的分析方法和设计思路与气动控制回路基本相同。

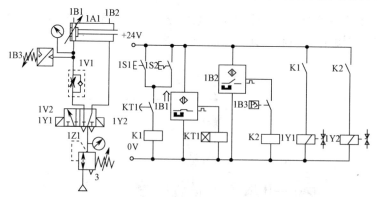

图 15.9　塑料圆管熔接装置电气控制回路图

由于磁感应式传感器在起始位置受安装在活塞上的磁环作用而输出了信号，所以起始位置 KT1 是闭合的。启动按钮 1S1 便可实现单循环工作；按下定位开关 1S2 便可实现多循环工作。汽缸活塞完全伸出的位置检测由磁感应式传感器 1B2 来完成，熔接压力达到 3bar 才能缩回则由压力开关 1B3 来实现，汽缸完全缩回停留 2s 后才能再次伸出，是由磁感应式传感器 1B1 和时间继电器 KT1 来实现的。

技能链接

碎料压实机的压力控制回路

如图 15.10 所示,碎料在压实机中经过压实后运出。原料由送料口送入压实机中,汽缸 2A1 将其推入压实区。汽缸 2A1 在这个课题中不考虑。

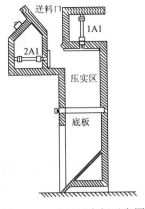

图 15.10 碎料压实机示意图

汽缸 1A1 用于对碎料进行压实。其活塞在一个手动按钮控制下伸出,对碎料进行压实,当汽缸无杆腔压力达到 5bar 时,则表明一个压实过程结束,汽缸活塞自动缩回。这时可以打开压实区的底板,将压实后的碎料从压实机底部取出。汽缸 1A1 活塞的返回控制要求采用压力顺序阀实现。其检测压力应为汽缸无杆腔压力。如果不进行节流,可能在压实时由于压力上升过快,压力顺序阀无法可靠动作,所以应通过进气节流来降低压力上升速度。为方便压力检测和压力顺序阀压力值的设定,应在相应检测位置安装压力表。

要求:

(1)画出气动控制回路图。

(2)画出电气控制回路图。

 实验操作

(1)按照技能训练所设计的气动控制回路图和电气控制回路图分别进行连接并检查。

(2)连接无误后,打开气源,观察汽缸运行情况是否符合控制要求。

(3)掌握压力顺序阀在气动控制回路中的安装方法和调节方法。

(4)掌握压力开关在电气控制回路中的安装方法和调节方法。

(5)对实验中出现的问题进行分析和解决。

(6)实验完成后,将各元件整理好放回原处。

 思考与练习

(1)如果对碎料压实机的汽缸 1A1 和 2A1 活塞的动作同时考虑,请问应如何设计其控制回路?

(2)图 15.11 所示为一个工件摆正装置。在手动按钮的作用下,两个单作用汽缸活塞同时伸出对工件进行位置摆正。

为了保证摆正效果,要求两个汽缸活塞杆对工件的压力达到 1bar 以后才能退回,为了保证两个汽缸活塞杆都能伸出到位,要求汽缸活塞完全伸出开始计时,2s 后无杆腔的压力才增至 1bar。

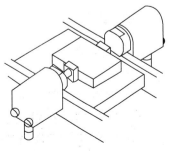

图 15.11 工件摆正装置示意图

项目十六 典型气动系统分析

任务一 气液动力滑台气压传动系统分析

 教学目标

➤ 掌握气动系统的分析方法和步骤。

➤ 熟知各典型气动系统的性能要求、动作循环、气流走向和控制方法。

气动系统的分析步骤一般如下所述。

（1）明确系统的运动方式、工作循环和动作要求。

（2）弄清系统中各元件的初始状态，仔细分析各元件之间的联系，掌握各个元件的性能和在系统中的作用。

（3）分析了解系统是由哪些基本回路组成的，这些基本回路在系统中所起的作用是什么。

（4）分析系统的工作原理，根据工作循环和动作要求，切实弄清每一步动作中压缩空气的行走路线和控制方法。

一、系统概述

图 16.1 所示为气液动力滑台气压传动系统回路图。它的执行元件采用的是气—液阻尼缸，在它的上面可以安装单轴头、动力箱或工件等，由控制阀控制，在机床设备中实现进给运动。该滑台可以实现下面两种工作循环：

（1）快进→工进→快退→停止。

（2）快进→工进→慢退→快退→停止。

二、系统分析

1. 快进→工进→快退→停止

图 16.1 所示的状态为起始状态。此时，推动手动换向阀 3 使之右位切入系统，在压缩空气的作用下，汽缸活塞开始向下运动，液压缸下腔的油液经行程阀 6 和单向阀 7 进入液压缸的上腔，实现快进；当快进到汽缸上的挡铁 B 压下行程阀 6 后，油液只能经节流阀 5 进行回

油，调节节流阀的开度，可以调节回油油量的大小，从而控制气—液阻尼缸的运动速度，实现工进；当汽缸工进到行程阀 2 的位置时，挡铁 C 压下行程阀 2，使阀 2 处于左位，阀 2 输出气信号伸阀 3 恢复左位，此时汽缸活塞上行，液压缸上腔油液经阀 8 的左位和阀 4 的右位进入液压缸的下腔，实现快退；当快退到挡铁 A 压下阀 8 时，使油液的回油通道被切断，汽缸就停止运动，改变挡铁 A 的位置，就可以改变汽缸停止的位置。

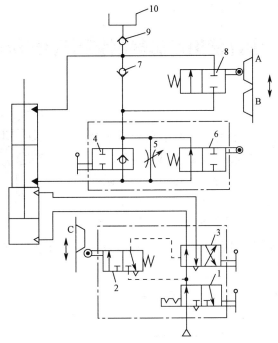

1，3，4—手动换向阀；2，6，8—行程阀；5—节流阀；7，9—单向阀；10—补油箱

图 16.1　气液动力滑台气压传动系统回路图

2．快进→工进→慢退→快退→停止

图中将手动换向阀 4 左位切入系统，其动作循环中的"快进→工进"的工作原理与上述相同。当工进到挡铁 C 压下行程阀 2 至左位时，输出信号使手动换向阀 3 切换到左位，汽缸活塞开始上行，液压缸上腔油液经阀 8 的左位和阀 5 进入液压缸的下腔，实现慢退；当慢退到挡铁 B 离开阀 6 时，阀 6 在复位弹簧的作用下恢复左位，液压缸上腔油液经阀 8 的左位和阀 6 的左位进入液压缸的下腔，实现快退；当快退到挡铁 A 压下阀 8 时，使油液的回油通道被切断，汽缸活塞就停止运动。

图中带定位机构的手动换向阀（定位开关阀）1、行程阀 2 和手动换向阀（按钮阀）3 组合成一只组合阀块，阀 4、5 和阀 6 为一组合阀，补油箱 10 是为了补偿系统中的漏油而设置的，一般可用油杯来代替。

 **实验操作**

（1）按照气液动力滑台气压传动系统回路图进行连接并检查。

（2）连接无误后，打开气源。

（3）严格按照动作步骤的分析进行操作和控制。

（4）观察汽缸运行情况是否符合"快进→工进→快退→停止"的动作要求。

（5）观察汽缸运行情况是否符合"快进→工进→慢退→快退→停止"的动作要求。

（6）对实验中出现的问题进行分析和解决。

（7）实验完成好后，将各元件整理好放回原处。

任务二　零件使用寿命检测装置气压传动系统分析

一、系统概述

零件使用寿命检测装置是利用双作用汽缸活塞的伸缩运动带动一个零件长时间翻转，以测试该零件的使用寿命。汽缸活塞的运动由三个按钮控制：一个按钮控制活塞在一段时间内作连续往复运动；另一个按钮可以使连续往复运动随时停止；第三个按钮可以控制活塞作单往复运动。该装置实物图如图 16.2 所示，其气动控制回路图如图 16.3 所示。

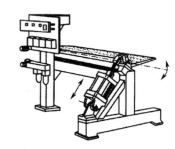

图 16.2　零件使用寿命检测装置实物图

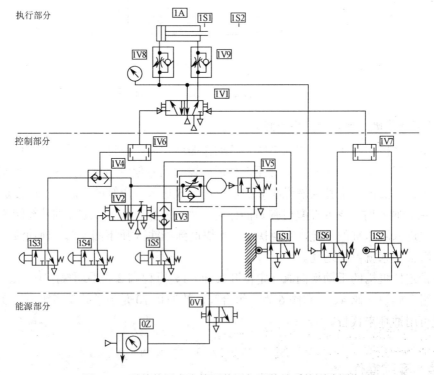

图 16.3　零件使用寿命检测装置气压传动系统回路图

二、系统分析

在零件使用寿命检测装置气压传动系统回路图中，按钮 1S3 用于控制汽缸活塞作单往复运动。按钮 1S4 用于控制汽缸活塞在一段时间内作连续往复运动。按下 1S4 使 1V2 换向产生输出，启动延时阀 1V5 计时同时汽缸活塞开始作连续往复运动，达到延时阀设定时间后切断双气控换向阀 1V2 的输出，使汽缸活塞的连续运动停止。或者在任何时候按下按钮 1S5 都能切断 1V2 的输出，让汽缸的往复运动停止。

汽缸活塞的回缩是由两个控制信号 1S2、1S6 共同控制的。1S2 是行程阀信号，是在汽缸活塞伸出到位时产生的输出信号；另一个信号 1S6，它只有在汽缸活塞伸出时才有输出信号。将这两个信号通过双压阀进行逻辑"与"处理后来控制汽缸活塞缩回，这样可以有效避免一旦 1S2 发出错误信号造成的汽缸活塞误动作。

 实验操作

（1）按照零件使用寿命检测装置气压传动系统回路图进行连接并检查。

（2）连接无误后，打开气源。

（3）严格按照动作步骤的分析进行操作和控制。

（4）对实验中出现的问题进行分析和解决。

（5）实验完成好后，将各元件整理好放回原处。

任务三　　数控加工中心气动换刀系统分析

一、系统概述

图 16.4 所示为某数控加工中心气动换刀系统回路图，该系统在换刀过程中能实现主轴定位、主轴松刀、拔刀、向主轴锥孔吹气和插刀动作。

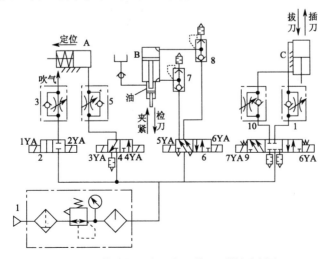

图 16.4　数控加工中心气动换刀系统回路图

二、系统分析

该系统的动作过程是，当数控系统发出换刀指令时，主轴停止旋转，同时 4YA 得电，压缩空气经气动三连件 1、换向阀 4、单向节流阀 5 进入主轴定位缸 A 的右腔，缸 A 的活塞左移，使主轴自动定位；定位后压下无触点开关，使 6YA 得电，压缩空气经换向阀 6、快速排气阀 8 进入气液增压缸 B 的上腔，增压腔的高压油使活塞伸出，实现主轴松刀；同时使 8YA 得电，压缩空气经换向阀 9、单向节流阀 11 进入缸 C 的上腔，缸 C 下腔排气，活塞下移实现拔刀；拔刀后由回转刀库交换刀具，同时 1YA 得电，压缩空气经换向阀 2、单向节流阀 3 向主轴锥孔吹气。稍后 1YA 失电、2YA 得电，停止吹气，8YA 失电、7YA 得电，压缩空气经换向阀 9、单向节流阀 10 进入缸 C 的下腔，活塞上移，实现插刀动作；6YA 失电、5YA 得电，压缩空气经换向阀 6 进入气液增压缸 B 的下腔，使活塞退回，主轴的机械机构使刀具夹紧。4YA 失电、3YA 得电，缸 A 的活塞在弹簧作用下复位，恢复到开始状态，换刀结束。

反侵权盗版声明

电子工业出版社依法对本作品享有专有出版权。任何未经权利人书面许可，复制、销售或通过信息网络传播本作品的行为，歪曲、篡改、剽窃本作品的行为，均违反《中华人民共和国著作权法》，其行为人应承担相应的民事责任和行政责任，构成犯罪的，将被依法追究刑事责任。

为了维护市场秩序，保护权利人的合法权益，我社将依法查处和打击侵权盗版的单位和个人。欢迎社会各界人士积极举报侵权盗版行为，本社将奖励举报有功人员，并保证举报人的信息不被泄露。

举报电话：（010）88254396；（010）88258888

传　　真：（010）88254397

E-mail：　　dbqq@phei.com.cn

通信地址：北京市万寿路 173 信箱
　　　　　电子工业出版社总编办公室

邮　　编：100036